U0193133

打造网红民宿
图解现代民宿建筑装修与改造

王红英 郭凯 朱力 编著

机械工业出版社
CHINA MACHINE PRESS

本书以图解的形式阐述了民宿的产生与发展，详细介绍了现代民宿的建造、装修、改造、经营、推广等内容，书中注入民宿的投资理念与经营管理之道，强调投资经营与民宿建设相结合。书中的民宿设计案例，从设计方法、设计理念等不同的角度彰显了民宿的艺术魅力，读者可以快速学习现代民宿建筑中的工程技术要点。本书适合民宿开发、投资、管理、设计者阅读，同时也适合全国高等院校与高职高专院校建筑设计、艺术设计、酒店管理、旅游管理等专业师生使用，还可以作为民宿创业投资者的培训指导用书。

图书在版编目（CIP）数据

打造网红民宿：图解现代民宿建筑装修与改造/王红英，郭凯，朱力编著.
—北京：机械工业出版社，2022.12（2024.3重印）
（设计公开课）
ISBN 978-7-111-72707-1

Ⅰ.①打… Ⅱ.①王…②郭…③朱… Ⅲ.①旅馆—室内装饰设计—图集
Ⅳ.①TU247.4-64

中国国家版本馆CIP数据核字（2023）第036026号

机械工业出版社（北京市百万庄大街22号 邮政编码100037）
策划编辑：宋晓磊　　　　　　　责任编辑：宋晓磊　李宣敏
责任校对：梁　园　李　婷　　　封面设计：鞠　杨
责任印制：刘　媛
涿州市般润文化传播有限公司印刷
2024年3月第1版第2次印刷
184mm×260mm·10.75印张·275千字
标准书号：ISBN 978-7-111-72707-1
定价：69.00元

电话服务　　　　　　　　　网络服务
客服电话：010-88361066　　机　工　官　网：www.cmpbook.com
　　　　　010-88379833　　机　工　官　博：weibo.com/cmp1952
　　　　　010-68326294　　金　书　网：www.golden-book.com
封底无防伪标均为盗版　　机工教育服务网：www.cmpedu.com

前言

民宿与快捷酒店、农家乐具有明显区别，民宿是利用当地闲置的建筑资源，融合自然生态环境，由民宿投资者、经营者自行接待游客住宿的建筑，它具有观赏性、功能性、游乐性，能反映出当地的民俗特色。

现代民宿规模可大可小，主导积极、健康，具有亲和力的居住方式，通过管家周全精致的服务，搭配极具创意的建筑装修来获得持久收益。近几年来，我国各地的民宿逐渐完善，民宿室内外装修与体验设施也逐渐丰富，游客在享受假期的同时，还能领悟当地的民俗文化。

近年来，民宿建筑室内外装修的硬件设施不断强化，与市场的融合度越来越高。民宿建筑装修、改造会更多考虑游客的精神需求，并积极与周边自然环境、文化环境等相融合，传递出当地人文特色，带动当地的经济发展，这也体现出民宿投资者的社会责任感与社会参与感。但同时也出现了一些问题，如全国各地民宿雷同化，给中高端消费者带来枯燥乏味的体验感。

针对目前我国民宿产业的发展状况，本书客观、全面地分析了现代民宿建造、装修和改造的方法，总结出一系列民宿的建造经验，结合真实设计案例，通过图解的表述形式来讲述民宿开发的知识点。本书共分为 7 个章节，涵盖民宿建造、装修、改造、管理等内容。

书中主要内容都配有设计案例，通过对设计案例进行分析，读者可以快速学习现代民宿建筑中的工程技术要点。其中，图解文字与带图表格能使读者的阅读体验更加轻松，使系统的专业知识不再晦涩难懂。书中对民宿建造与装修改造施工专业知识进行了深度提炼并列出重点，旨在让非专业读者快速读懂并实践。民宿开发、投资、管理、设计者均能从本书中学习到实用的操作经验。

读者通过对本书的阅读，能够更深刻地认知民宿建造、装修、改造，明确民宿的设计定位，厘清客户来源，坚持并有信心地经营、管理民宿，并获得回报。

本书由湖北工业大学土木建筑与环境学院王红英、郭凯、朱力编著，历时5 年，经过大量理论教学与设计施工实践，全方位解读现代民宿建筑。读者可加微信：whcdgr，免费获取本书配套资源。

编者

目录

打造网红民宿 图解现代民宿建筑

第 1 章

民宿初印象

识读难度：★☆☆☆☆

重点概念：特点、起源、民宿选择、发展

章节导读：民宿是拥有优美自然生态环境的度假住宿场所。随着人们生活水平的提高，对民宿的要求也越来越高。为了更适应市场需求，民宿的入住设施需要有更高的品质，同时，民宿应充分发挥区域文化特色，打造具有地区特色与文化品牌的民宿。

1.1　民宿基础知识

> 早期的民宿只具有住宿功能，随着市场竞争的激烈与硬件设施的不断升级，民宿所提供的服务也越来越丰富，现在的民宿除了提供基本的住宿服务外，还需提供文化体验、接机、早午餐服务等，民宿经营者还需与游客互动，使游客充分感受到当地的风土人情，有宾至如归的感受。

1.1.1　什么是民宿

民宿是利用当地闲置的民居建筑场所，结合当地具有特色的生产活动、自然景观、民俗文化等来打造具有艺术魅力的非标准化旅游居住建筑，它能加深游客体验感，让其获得更愉悦的心理感受（图 1-1）。

a）民宿室内

b）民宿外观

图 1-1　民宿

↑民宿建筑室内外与普通乡村建筑相似，但是在细节上有很大不同。民宿的室内空间布局以酒店设计为参考蓝本，但会注入更多当地特色，其建筑外观又不同于别墅，会注重开放的视觉效果与使用功能。

1. 需遵循的相关标准

民宿需遵循《乡村民宿服务质量规范》（GB/T 39000—2020）、《旅游经营者处理投诉规范》（LB/T 063—2017）、《文化主题旅游饭店基本要求与评价》（LB/T 064—2017）、《旅游民宿基本要求与评价》（LB/T 065—2017）、《精品旅游饭店》（LB/T 066—2017）等标准。

2. 民宿基本要求

1）民宿所选地基应符合当地土地规划要求，所选地基应不会产生地质灾害或公共安全隐患。

2）民宿建造应符合有关房屋建造标准，且应通过当地管理部门的房屋安全鉴定。

3）民宿经营应当依法取得当地政府许可，并办理相关证照。

4）民宿消防系统、生活用水、食品生产加工、卫生状况等应符合国家相关规定。

5）民宿在建设和运营时应因地制宜，采取必要的节能环保措施，合理排放废弃物。

6）民宿相关从业人员应当已通过系统培训，并考取相关证件，健康检查结果无任何问题。

7）民宿收费应合理，清楚标注民宿服务项目与营业时间。

8）民宿经营者应定期上传统计调查资料，如有突发事件发生，应当及时向有关部门上报，并做好相应记录。

3. 民宿存在的意义

民宿不仅可以满足特色旅游市场的需求，还能推动乡村经济建设，促进民间中小资本投资，同时，民宿还能满足人们对乡村生活的美好向往，能有效缓解社会竞争给人们带来的压力。

1.1.2 民宿的分类

民宿分类较多，下面仅介绍比较常见的民宿类别（表1-1）。

表 1-1　常见民宿类别

图示	类别	特点	图示	类别	特点
	农园民宿	有特色的田园体验活动，周边风景好		海滨民宿	靠近海边，地域特色比较明显
	温泉民宿	店内配有汤池并提供水疗等服务		体验型民宿	附带各种农业、牧业、工艺等体验活动
	传统建筑民宿	由传统建筑改造而成，气质古朴		艺术文化民宿	具有较强的地域文化特征，个性化十足

1.1.3 民宿的等级

民宿依据房屋基础设施的不同，可分为豪华、精品、舒适、经济4个等级，豪华、精品民宿为高级民宿；舒适、经济民宿为普通民宿。高级民宿所能提供的服务和内部环境、设施质量、售后服务等会更好，收费也相应更高。

1. 高级民宿

（1）环境、建筑　高级民宿具有突出的设计风格，其周边自然生态环境宜人，交通便利，且停车场较大，车位充裕。

（2）设施、服务　高级民宿选用的床上用品质量上乘，触感舒适，室内照明、遮光、隔声效果良好，卫生间装修高档，

24h 供应热水。除此之外，高级民宿还提供早餐服务和特色餐饮服务，组织游客参与各种活动，管理制度规范。

（3）特色　高级民宿能够体现当地人文特色，并与当地历史文化景点相呼应，有衍生的特色产品，能通过网络营销提高客流量，建设品牌效应。

2. 普通民宿

（1）环境、建筑　普通民宿周边的自然生态环境较好，适合游客体验，民宿建筑外观与内部装修精美，设有停车场地，方便出行。

（2）设施、服务　普通民宿提供质地较好、较舒适的床上用品，客房内的照明、隔声效果都不错，且卫生间内设有淋浴设施，电源、插座等位置与数量合理。除此之外，普通民宿还提供早餐服务，会组织游客参与各种活动等。

（3）特色　普通民宿能为游客提供大多数的服务，能通过互联网推广。

1.2 民宿的特别之处

民宿既能丰富视野，也能净化心灵，设计以人为本，室内外环境清新、宜人，具有浓郁的人文历史气息、热情周到的服务、自在的居住氛围、多变的居住主题，这些都能为民宿吸引更多游客。

1.2.1 民宿的特性

1. 地方特性

民宿的形态具有明显的地域特征，民宿设计需与当地原生态景观紧密结合。

2. 文化特性

民宿内常设有有关当地特色农业的生产体验活动，能够突显当地民俗文化特色，周边的自然景观也能突显当地的生态特色。

3. 需求导向特性

民宿能放松游客的精神压力，其用心的服务与热情的待客方式能给予游客温馨感。民宿内部提供的种植、采摘、陶艺、染织等体验活动，可让游客全身放松。

1.2.2 民宿的特点

1. 富有个性

民宿具有较强的个性特征，每家民宿都有着自己独特的设计定位，如赏景度假型民宿（图1-2）、艺术实践型民宿、乡村体验型民宿（图1-3）、复古型民宿等（图1-4）。

图 1-2 赏景度假型民宿

↑赏景度假型民宿的观赏性强，民宿内具有自然景观与人工造景，给予游客不同的视觉体验。

图 1-3 乡村体验型民宿

↑乡村体验型民宿为游客提供农业生产体验服务，如果园、茶园、菜园等的观光与采摘活动。

图 1-4 复古型民宿

↑复古型民宿的特色在于其具有古朴的建筑气息，多为古建筑民居重新改造而成，能给游客深刻的怀旧感。

2. 多样化设计

民宿拥有多样化的设计，游客可以体验当地风土人情，感受不同的居住环境。

3. 功能丰富

民宿既融合了当地的风土人情，其室内外装修也具备较强的观赏价值，每个房间的格局、内部配饰、色调、主题等都各有不同，个性十足且功能丰富。

4. 富有人情味

民宿与酒店最大的不同之处在于民宿会更有情怀，充满着人情味，民宿因能结合当地人文典故让游客更加青睐。

1.2.3 民宿与酒店的区别

民宿与酒店的区别较大，主要表现在以下方面（表 1-2）。

表 1-2 民宿与酒店的区别

区别点	民宿	酒店
建筑外形		
概念	拥有独特的建筑风格，能提供不同的人文体验	属于商业机构，能提供舒适、安全的休息环境
经营方式	家庭副业经营	专业经营

（续）

区别点	民宿	酒店
建筑媒介	自用或改造住宅	专用营业空间
客房数量	客房数量较少	客服数量具有一定规模
与周边环境的关系	关系紧密，民宿与环境能有机融合	交流较少
与当地社区的关系	共荣共生，互动性强	互动性少
硬件设施	设施简单、精炼化	设施齐全、标准化
服务人员	民宿经营者或管家，与游客互动性较强	酒店专业从业人员，与游客交流较少
内部服务项目	服务项目较少	提供美发、餐饮、购物等服务
联系点	民宿与酒店相互竞争、相互依存、共同进步	

1.3　各地民宿的起源

民宿的出现是经济发展的必然产物，具有时代特征，不同的地区都有着不同的产生条件（图 1-5 ~ 图 1-7）。

图 1-5　我国民宿（一）
↑多为既有建筑改造而成，建筑形态与乡村建筑的区别很小，主要改造内部功能。

图 1-6　我国民宿（二）
↑注重现代风格，有别墅的造型与装饰元素。

图 1-7　日本民宿
↑具有复古感，以木质建筑为主，表现出强烈的地域特色。

1.3.1　中国民宿

我国民宿最初多为村镇家庭住宅，2010 年后，随着对旅游需求量的不断增长，民宿的存在形式也越来越多样化，由村镇逐步拓展到城乡接合部或郊区，将民居建筑与风景区结合起来，引入旅游、民俗表演、采摘、亲子活动等。

1.3.2　日本民宿

日本民宿最早出现在奈良时期，是日本僧侣为游客提供的免费居所，随着历史发展，民宿的各项功能也不断被完善，如今，日本民宿多呈现为家庭旅馆式。

1.3.3 英国民宿

英国最早的民宿大多为家庭民宿，客容量在 6 人以下，提供早餐，房间数量较少，价格比较实惠，英国在近三十年有较大变化，民宿经营范围有所扩大，能提供喂食牛羊、采收农产品等体验活动。

1.3.4 法国民宿

法国民宿多产生在第二次世界大战以后，客房数量少，民间成立了民宿联合会，随着时间的推移，民宿服务越来越丰富，住宿者对房间的质量要求比较高。

1.3.5 美国民宿

美国民宿最初多是为低收入者提供的住宿，后期逐渐转变为居家民宿或青年旅舍，民宿内家居布置比较简单，内部服务综合条件较好，经营者热情周到。

1.4 如何选择民宿

民宿是为游客服务的，要打造一个优质民宿，必定要求民宿经营者能够站在游客的角度来审视自己的服务。如果你是游客，你会如何选择适合自己的民宿呢？

1.4.1 了解选择民宿的工具

目前在我国选择民宿产品，主要可以通过网络平台来选择，许多网络 App 都能提供短租或民宿信息，也可在网络上查看"达人"推荐的民宿。

1.4.2 关注地理位置与环境

民宿地理位置与城市中心商业区的关系应当保持一定距离，同时还要有所联系。从民宿出发可以快速前往旅游风景区，民宿周边应当有餐饮与购物场所。选择民宿时，应当以定位地点为行程中心，在周边寻找民宿。如果没有自驾前往，可以选择在地铁口附近的民宿，交通会比较便利。同时，可以询问民宿经营者或上网查询，明确所选民宿周边的购物环境、交通环境、相关景点等，这样也能增强出行的便捷性。

1.4.3 比较价格与评论

想要选择价格适中、性价比较高的民宿，可通过查看当地消费水平来判断民宿收费是否合理。多关注民宿的网络评价及其月销售量，综合分析该民宿是否值得入住。

1.4.4　比较配套设施与卫生情况

询问民宿经营者民宿内部的配套设施是否齐全，如无线网络、沐浴用品等。如果希望自行烹饪，还要询问民宿内是否带有厨房，厨房是否可正常使用，是否需要另外收费等。

民宿应当提供干净、整洁的卫生环境，可询问民宿内部是否配备有热水器，淋浴使用是否正常等（图1-8）。

a）配套设施　　　　　　　　　　　　　b）卫生情况

图1-8　民宿品质
↑较高质量的民宿应当在近三年有过装修或改造，配套设施保持九成新，软装配置的卫生状况符合常规两星级酒店以上标准。

图1-9　民宿风格
↓民宿风格主要根据当地人文风情特色来确定，当无法采集鲜明特色时，可选择极简风格与传统风格。

1.4.5　挑选装修风格

选择中意的设计风格，常见的民宿风格有极简风格、工业风格、田园风格、禅意风格、民族风格、复古风格等，其中极简风格包括日式和风与北欧风；复古风格包括明清古风等。游客还可依据地点、人数、日期、房屋要求等来选择特色风格的民宿（图1-9）。

a）极简风格　　　　　　　　　　　　　b）传统风格

1.4.6 查看相关证照

所选民宿应当有营业执照，应是正规合法经营，这样入住时的安全性会有保障，此外，需查看是否具有住宿、食品、卫生等经营许可证，应当选择具有一定品牌效应的民宿，其服务质量与入住体验相对会更有保障。

1.5 民宿未来的发展

目前民宿市场良莠不齐，要持续发展，必须要在符合行业标准的基础上强化个性，并能规范化管理民宿，保证民宿在安全、服务、运营、卫生等环节的管理能标准化运作。2020 年 9 月 29 日，我国国家市场监督管理总局与国家标准化管理委员会联合发布了《乡村民宿服务质量规范》（GB/T 39000—2020），全面提升了民宿的服务质量，规范了管理体制。

1.5.1 民宿目前存在的问题

1. 投资与收成不对应

近年来，各具特色的民宿越来越多，民宿装修、设计、租金、人工等相关费用也随之上涨，大部分民宿要在 3 ~ 5 年后才能收回成本，如果没有稳定的客流量，很多民宿可能撑不到 3 年就会结束经营。

2. 推广运营能力不佳

民宿要有特色，要能衍生特色产品才能持续运营下去。目前大部分民宿没有专业的推广平台，运营渠道单一，游客无法更深入地了解民宿的具体环境和特点。

3. 服务与品牌定位不配套

理想的民宿经营不能急于追求利润，民宿管理中的各种工作，如维修、保洁、管家等都需要安排妥当，这样游客入住才会有舒适感，从而能增强自己民宿的品牌效应。部分民宿未规划好自己的品牌形象，造成形式高端，服务却不佳，导致出现客源不稳定、收支不平衡的情况。因此要注重民宿的细节设计与配套设施的品质（图 1-10）。

图 1-10 有特色的民宿

↓民宿的特色来源于细节，如庭院台阶与绿植搭配、客厅围炉造型，卧室门窗形态等，这些细节要与众不同，要区别于宾馆、酒店，让消费者具有新奇感。

a）庭院设计

b）客厅围炉

c）卧室装饰

4. 设施配套不完善

民宿应当共享当地的基础设施，如采摘园、免费风景区等，如果没有这些共享设施，对于个体民宿的经营就十分不利。如果民宿自行建设这些设施，则开业成本会更高。大多数民宿没有区域规划意识，整体发展缺少规模，一旦出现纠纷，很难保证民宿经营者与游客的正当权利。

1.5.2 如何解决民宿发展问题

首先，应当设立民宿行业的门槛，规范民宿的开办条件，设定经营规模范围，保持民宿行业特色，避免随意发展。其次，还要完善民宿管理规章制度，增强民宿从业人员的专业培训，提高服务水平，培养民宿经营者的责任感，促进民宿市场的良好发展。

1.5.3 民宿未来的发展趋势

民宿未来如何发展，与国家管理政策、市场经济等有着紧密的关系。目前国内的民宿多分布在景区或大型购物商场附近，如大理、丽江、秦皇岛、黄山等。

未来旅游方式会不断更新，需将品牌特色与旅游产品紧密联系在一起。民宿与景点门票、交通等进行打包营销，通过在线智能化预订来降低营销成本，预订平台可为游客提供大数据参考，帮助其选择最适合的民宿（图 1-11）。

a）民宿配套建设

b）民宿建筑环境

图 1-11 民宿与周边旅游产品相联系

↑民宿周边应当有旅游景点，或是自然景点、人文景点，如果没有特色景点，那么民宿建筑与周边环境自身应当具有观赏价值，能够符合游客 3 ~ 5d 的游览计划。

第2章
民宿开设准备

识读难度：★★☆☆☆

重点概念：设计定位、市场调研、选址、
资金筹措

章节导读：优质民宿需要有明确的设计定位。在打造民宿时，要注重民宿文化，重视民宿衍生的产品，要能利用民宿周边资源，使民宿品牌形象更加丰富。民宿是体验型旅游产品，民宿经营者必须考虑室内外装修设计是否能够令人耳目一新，是否能够给予游客多感官体验，是否能够获取利润等。

2.1　做什么样的民宿

考虑充分才能事半功倍！要打造能持续运行的民宿，必须明确民宿是否具备商业可行性，是否能满足游客的需求，所畅想的装修设计是否能够实现等。

2.1.1　明确设计定位

民宿需要具备比较强的核心竞争力，需要能够满足游客不断变化的各种需求。

1. 民宿是否有个性

明确民宿的设计定位、风格、服务对象，打造出鲜明的个性特征等（图2-1）。

a）装饰材料复古化

b）建筑构造几何化

图 2-1　设计定位明确的民宿
↑民宿设计要能与周边同类型产品有一定的差异性，需形成独特的设计语言，并且能体现当地的文化特色，要能彰显出民宿经营者的个性和审美。

2. 民宿是否有生命力

民宿的生命力是商业价值与艺术价值的结合体，要求其设计创意能给游客带来沉浸式体验感，增强游客对民宿的记忆点，同时也能让游客建立起品牌意识（图2-2）。

2.1.2　提前做好设想

提前设想民宿在未来可能会遇到的问题，并给出解决方案。

1. 设施考虑周全

优质民宿要求室内环境整洁、干净，主体建筑应当与周边环境能够相辅相成，能提供安全、卫生、舒适的住宿环境，能提供布局新颖、合理的休闲空间，并具有不同的视觉效果和良好的通风、采光等（图2-3）。

a) 坐落在湖边的民宿

b) 户外台阶灯光设计

图 2-2 有生命力的民宿

↑所打造的民宿要能给予游客与众不同的体验，所衍生的附加产品也要充满故事性和艺术性。

a) 周边环境

b) 卫生间设施

图 2-3 设施齐全的民宿

↑所打造的民宿要配备比较全面的设施、设备，如娱乐设施、无线网络设备、卫浴设施、厨具设施、消毒设备、制冷设备、取暖设备、应急照明设备、急救用品等。

2. 体验传递情感

民宿建筑与内部装修效果能够彰显地域文化魅力，并传递设计情感，民宿经营者能与当地居住者共生，能促进当地经济、社会的和谐发展等。

2.1.3 定位目标与客流量

民宿的服务对象多为来自世界各地的旅游群体，针对不同类型人群，应当设定不同的服务，其中配套设施与装饰装修风格应当符合大众审美。

民宿旅游分淡季与旺季，由于时间、季节的双重影响，客流量也会有所变化。如节假日的旅游人数会较多，且不同景区适合不同季节游玩，在非节假日也要营造主题获取客流量。

2.2 提前做好市场调研

通过市场调研能了解民宿市场近况，要以科学的方法来打造个性化的民宿。

2.2.1 民宿市场调研

民宿市场调研包含的内容较多，民宿经营者需了解行业政策、当地民宿分布状况、历年民宿市场份额、民宿经营方式、装修成本、设计风格倾向、订房平台运营、民宿容纳客源量等。

2.2.2 当地风俗

不同地区有着不同的风俗，民宿要能与周边建筑和谐共生，要能传递文化内涵与生活美学，要有与当地风俗紧密相连的设计创意，要充分了解当地的历史文化与人文背景，并将其运用得当，使民宿品牌更具有故事性与吸引力（图2-4）。

a）客厅　　　　　　　　b）餐厅　　　　　　　　c）卧室

图2-4 具有故事主题的民宿
↑民宿中的每件软装饰品都可以赋予其故事性，同时能进行衍生商品的销售，拓展民宿营销范围。

2.2.3 地形特征

地形决定民宿的建造方式，应当根据当地的地形地貌特征，因地制宜设计民宿，使民宿与周边环境浑然天成，同时需保证建造的安全性。民宿开发需要提前了解当地地貌特征，获得当地政府许可后再进行，以建造出具有稳定性与艺术性的民宿建筑（图2-5）。

a）建筑形态

b）房间形态

图 2-5　因地制宜的民宿
↑大多数民宿是对既有建筑进行改造，通过变换建筑格局与内部房间形态，以及顺应地形地势来规划民宿建筑。

2.3　谨慎选择民宿地点

民宿选址讲究天时、地利、人和。天时要求能有适合的气候；地利要求区域周边有基础配套设施；人和要求有地方政府、周边居民支持，且有游客流量保障等。

2.3.1　民宿周边环境

1. 了解公共设施

查看当地是否配备水、电、气、环卫、道路、通信、商业等设施，这是民宿最大竞争点（图 2-6a）。

2. 了解自然环境

了解周边自然环境的气候、湿度、温度、空气质量、风向、日晒时间、雨季时间等，由此判断是否适合居住，避免选择周边有工业区或被污染的区域来建造民宿（图 2-6b）。

3. 了解人文环境

进行深入社会调研，了解当地社会风俗、历史文化、治安情况、地方政策等，这能为后期民宿建设提供安全保障。游客也会将安全性与文化内涵作为选择民宿的重要因素（图 2-6c）。

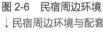
图 2-6　民宿周边环境
↓民宿周边环境与配套设施应当符合旅游业发展，需要有配套道路、风景区和适宜的风俗民情。

a）民宿周边公共设施

b）民宿周边自然环境

c）民宿周边人文环境

2.3.2　民宿周边交通

便捷的交通能带动旅游业的发展，游客数量也会有所增加。观察道路设施状况，主要包括道路等级、道路密度、道路类型、路面状况，查看周边道路是否有主路与辅路之分，是否能通往不同区域，附近是否有高速公路出入口等。

考虑到民宿距离周边景区、购物区、娱乐区等区域的直线距离，一般单程时间不宜超过1h。重点考察民宿与周边景区、购物区等区域之间是否有直达的公共交通工具，是否有不同的交通工具可供选择等。

观察道路是否畅通无阻，私家车是否能顺利通行，且不太受车辆种类、行驶方向、行驶时间、行驶速度等限制，以及民宿周边是否提供停车场，对停车有何要求等。除此之外，道路是否设置了交通信号灯与监控设备，是否配有交通管理人员等（图2-7）也是民宿选址的考量因素。

a）县道　　　　　　　　　　　　　　　　　　b）乡道

图2-7　民宿周边交通
↑在选择民宿地址时要仔细考察周边道路情况，包括查看道路等级、道路密度、道路类型、路面状况等。

2.4　备好资金筹措计划

通常在资金筹措阶段，应当对民宿的服务群体、建筑风格、装修成本、投资回收期限、经营模式等进行详细的计划。

2.4.1　投资主体

依据资金量、市场发展现状等的不同，民宿经营者需要选择不同的投资主体，这也是进行资金筹措很重要的一步（表2-1）。

2.4.2　资金筹措方式

了解不同的资金筹措方式，能帮助民宿经营者降低资金筹措风险（表2-2）。

表 2-1 各类投资主体经营状况特点

投资主体	建造方式	经营特点	阶段特点	地域特点
本地居民	自家剩余房屋改造而成	经营风险小，模式简单，整体管理水平一般	出现于民宿旅游发展初期阶段	多出现在经济较发达地区
外地投资者	购买或租赁本地居民房屋，并将其改造为民宿	经营成本较高，风险大，主动性较强，整体管理水平由投资者决定	出现于民宿旅游快速发展阶段	多出现在经济发达的地区
企业投资	企业收购或批量租赁房屋，将其改造为民宿	经营成本高，为中高端客户服务，整体管理水平较高	出现于民宿旅游发展中期阶段	多出现在民宿旅游成熟的区域
政府投资	政府开发工程，培养示范性民宿产业，带动民间投资	经营成本高，整体管理水平高，后期会转为市场化运营模式	出现于民宿旅游发展初期阶段	多出现在经济良好，有政策、资金扶持的区域

表 2-2 不同资金筹措方式的利与弊

资金筹措方式	利	弊
个人自筹	比较自由，无分歧	投资风险较大
社会众筹	有利于创建品牌，能综合利用资源，有效缓解资金压力，通过社会关系来聚拢客户	经营者要对资金提供者负责，经营压力较大
政府扶持	投资力度大，能有效缓解资金压力	容易受政策变动影响

2.4.3 明确经营定位

民宿经营者要明确经营定位，确定建筑装修材料品质、建筑风格样式、服务对象的定位和消费水平等。

经营定位主要体现在消费群体，选择民宿消费的游客大多为城市中产，对高端乡村生活有明确向往，经营定位直接影响到装修材料的选用与风格定位，要满足中高端消费需求，整体经营定位应当高于城市三星级酒店的硬件设施。

2.4.4 资金筹措计划书

资金筹措计划书的主要内容包括：项目简介、经营者简历、管理团队简历、衍生产品、服务类别、服务对象、经营策略、开发市场、团队成员、预计投资、预计收入、财务计划分析、投资金额、融资计划、投资回报情况、项目未来规划等。向社会融资或风投企业融资是当前中高端民宿发展的主要方式，资金筹措计划书需要经得起严格论证。

2.5 案例解析：湖间的院落

对民宿基地周边的自然环境、地理环境、人文环境等的深入了解能更利于民宿的设计定位。

1. 设计初衷

本设计希望能向游客分享鄂东南地区美丽的湖景，并利用当地的砖石、木材等自然材料将自然景观与鄂东南地区的传统民居结合在一起，让游客们感受到鄂东南地区的文化魅力。

2. 总体设计理念

本设计旨在利用基地的自然资源，打造出一个布局合理、配套齐全、环境优美的新型居住民宿，希望能充分结合社会、经济和环境效益，实现人与自然、建筑与自然的共生。

3. 总平面布置

本民宿西侧、东侧各有一条主路，交通便捷，用地比较规整。

4. 设计定位

本设计旨在运用镜面、玻璃、布艺、纱帘、木材等材料，建造出一个休闲、美观的民宿（图2-8）。

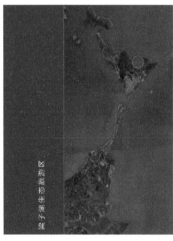

梁子湖
生态旅游区

地形

梁子湖区西部为梁子湖连地，南部为山带。全区地貌为条带状相间的低山丘陵，沉积盆地。全区地形为南边多低山，北部和西部多丘陵和湖泊，东边最高峰为汋山峰，海拔418m。

气候

梁子湖属典型的亚热带大陆性季风气候，冬冷夏热，四季分明，光照充足，雨量充沛，平均气温17℃，极端最低气温-11℃，极端最高气温40℃，无霜期年平均264d，年平均降水量1330mm。全区主要次春天气有春季的"倒春寒"，低温连雨，夏季的大暴雨和强风，盛夏初秋季节的伏期连旱。

图2-8　梁子湖生态旅游区民宿设计方案（姜海、汪铮）
↑完整方案可按照本书前言中所述方式获取。

第3章
民宿设计建造

识读难度：★★★★☆

重点概念：准备、设计、选材、施工

章节导读：建造一座富有特色，且观赏性高的民宿建筑，才能吸引更多游客。要在众多民宿中脱颖而出，建筑必须具有记忆点，能够让人牢记在脑海中。民宿的空间布局既要合乎情理也要有所创新，要能满足游客的新奇感与新鲜感，这样的民宿才会更具有竞争力，才能持续运营。

3.1　做好建造准备

建造民宿施工前，必须确定该基地可以进行土地改造，民宿建筑的设计要符合相关规定，所需办理的证明、申请材料等都应处理妥当。

3.1.1　民宿建筑类型

民宿应当能够体现当地的地域文化，彰显出当地人文景观特色，明确民宿建筑类型，以便设计、施工能够有据可循。常见的民宿建筑类型主要包括老宅改造型民宿、农家体验型民宿、别墅型民宿、艺术设计型民宿等（表3-1）。

表3-1　不同的民宿建筑类型

建筑类型	图示	施工要点
老宅改造型民宿		建筑具有完整性，并与时代接轨；能保留原有住宅的历史痕迹，并使建筑具备故事性；可就地取材，可利用现代化技术进行改造
农家体验型民宿		要求建筑能够充分利用周边生态环境与自然资源，建造出富有观赏性与体验性的新型民宿
别墅型民宿		由一栋或几栋建筑构成，周边自然环境优美，民宿内部服务周到、设施齐全
艺术设计型民宿		具备一定的艺术性，设计理念多具生态化特征，在满足基本住宿功能的前提条件下，还能向游客传递美学知识，彰显个性化特征

民宿与农家乐的区别

民宿是以度假消费为主的旅游产品，投资主体是拥有土地所有权的人，或由外来投资者经营，设计注重个性魅力、美学品位，追求情怀。农家乐多为周末短时消费的休闲旅游产品，大多数投资主体是拥有土地所有权的农户，多以副业形式经营，土地依旧保留在农户手上，多以餐饮、销售为主，创意、特色较少。

3.1.2 符合民宿申请的条件

在施工之初，需要对民宿的设计事项做具体的规划，并准备申请资料。重点考虑民宿基地是否符合国家要求，民宿建筑是否符合相关标准等，一般包括经营用房标准、消防安全标准、治安安全标准、卫生安全标准、环境保护标准、食品安全标准等（图3-1）。

1. 经营用房标准

民宿经营者要确保该建筑产权清晰、明了，单个建筑面积不超过 $600mm^2$，建筑楼层不宜超过 5 层，房间数不宜超过 15 间，建造时要确保每一层楼的采光与通风。

2. 消防安全标准

要设置必要的安全通道，所建造的民宿要配备数量合适的消防设施、逃生用口罩、手电筒等，注意消防设施的安装间距要符合消防规定。

3. 治安安全标准

民宿经营者应当在民宿入口处、接待处、主要通道处设置监控，并对游客住宿进行登记，以保证民宿经营者与游客双方的安全。

4. 卫生安全标准

民宿建造时应在每一层设置卫生间，要保证室内外时刻处于洁净、清新的状态。

5. 环境保护标准

民宿建造时应选用环保材料，室内甲醛含量不能超标。

6. 食品安全标准

民宿工作者要持证上岗，民宿经营者必须提供相应的健康证与卫生知识培训合格证明等材料。

建房书面申请 ▶ 行政初步审核 ▶ 行政部门审批 ▶ 基地测量放样 ▶ 申办营业执照

审批手续齐备 ◀ 环保审批 ◀ 卫生许可审批 ◀ 民宿经营审批 ◀ 消防审批

图3-1 民宿申请流程

3.2　民宿设计与规划

民宿建筑设计既要注重美观性，又要注重实用性，民宿整体规划是整个建筑建造的基础，设计时要提取适宜的文化信息与元素，将其融入民宿建筑的建造中。为了保障民宿顺利建造，民宿经营者还需做好基地勘测工作，建筑的构造也应当符合相关标准，注意要合理布局，以建造更适合民宿经营理念的建筑空间。

3.2.1　了解设计流程

民宿建造要注重逻辑性，其设计要依据服务流程进行，通常可分为以下三个阶段。

1. 设计前准备

设计师要明确民宿经营者的设计要求与承包方式，要精准测量建筑红线内的面积，拟定工程造价、施工期限、材料数量等；要勘测民宿基地周边的地质情况，考虑民宿建造之后对周边的影响等，以确保建筑能够顺利地建造起来（图3-2、图3-3）。

2. 方案图设计

方案图是民宿从无到有的重要参考资料，主要包括建筑总平面图、室内各层平面图、建筑立面图、建筑剖面图、设计说明以及其他相关信息等内容，其中设计说明多以文字、表格的形式呈现，包括设计要求、设计规模、技术构造、装修方式、安全措施、设备运用等。

3. 施工图设计

施工图要经过政府相关部门审批之后才可应用，主要包括建筑、结构、给水排水、采暖、空调、电气、通风等专业设计图，建筑中结构细部需绘制节点详图，比较复杂的建筑结构还需另外

图3-2　民宿建筑主体外观
→该民宿对原民居建筑进行改造，外墙重新装饰，拓展了部分建筑空间。

添加建筑做法说明。为了便于后期材料的采购、安装，建议绘制
门窗明细表，这样也能避免漏项（图3-4）。

a）立柱边角

b）侧房

c）装饰窗

d）院落入口

图 3-3　民宿建筑细节

↑民宿建筑细节反映出当地传统建筑特色，将复杂的建筑造型简化后注入改造的建筑中。在强化地域特色的同时还要考虑改
造成本，保留原有建筑外墙，对墙面局部进行装饰并强化建筑结构，以突出当地建筑特色。

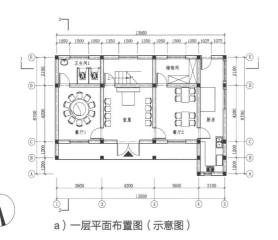

a）一层平面布置图（示意图）

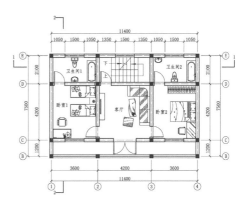

b）二层平面布置图（示意图）

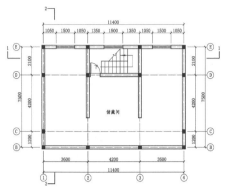

c）三层平面布置图（示意图）

图 3-4 民宿建筑施工图（示意图）

←↑建筑设计图是民宿设计的根本，民宿投资者寻求相关设计资源可以与设计电商联系，或参考本书这套设计图，向设计师或绘图员提出设计要求，也可以自行绘制。图样主要内容包括各层平面图、水电图、建筑外立面图、剖面图、结构大样图五大类。具有一定施工经验的施工队也能绘制相关图样，但是要经过当地管理部门审批，还需要专业设计人员设计制图。完整方案可按照本书前言中所述方式获取。

3.2.2 进行合理的整体规划

民宿规划设计的重点在于确定用户定位与民宿建造的类型，并能通过与民宿建筑规划设计要素巧妙融合，设计出更符合时代发展与用户需求的民宿（图 3-5）。

民宿建筑规划设计要素

生态环境要素	行业发展要素	建筑形态要素	空间流线要素	文化思想要素
结合地形地貌设计	产业功能区域分配	建筑外观设计	交通流线灵活互动	建筑设计具有人文意境
生态保护环境设计	多产业融合发展	建筑室内设计	建筑与周边环境相合	符合风俗人情
建筑与生态环境融合			建筑与周边环境共存	符合时代审美

图 3-5 民宿建筑规划设计要素

民宿规划设计会受到规划形式与周边环境规划设计的影响，通常个体民宿在建造时要符合区域内民宿整体的规划形式。周边环境规划设计又与绿化建设、自然风光、道路交通、基础设施建设和持续发展等息息相关，因此民宿经营者在规划民宿建设时也应当注意这些元素，并能科学化、生态化和环保化的建造民宿（图 3-6、图 3-7）。

3.2.3 仔细勘测民宿基地

民宿基地勘测主要包括基地地质勘察与基地测量，勘测的目的在于为民宿后期的建造、装修和施工等提供更科学的参考数据，勘测的具体内容主要有工程地质调查、勘探和测绘；搜集工程经验和勘测报告；进行岩土观测、测试和力学实验；搜集基地区域内有关于地形地貌、水文、气象、水文地质和地震等资料（图3-8、图3-9）。

图3-6 自然风光

↑民宿规划多选择未开发的区域，周边不远处应当有旅游景点，方便拓展民宿的户外活动范围。

图3-7 道路交通

↑道路交通方便，距离省道或国道应当不超过5km，沿途县道和乡道应当为对向双车道，路面平整。

图3-8 基地地质勘察

↑仔细勘察地下土层的软湿度，规避地下暗流和溶洞等不稳定地质条件。

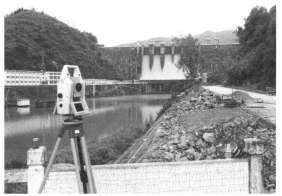

图3-9 基地勘测

↑仔细勘测地势，获得准确的水平度，保证建筑稳固性，关注地质沉降变化。

1. 勘测方法

民宿地质勘测比较简单。

首先，确定基础的坐标系，通常是用全站仪进行基地现场的测量放线工作。

其次，鉴定基地土质，通常会按照顺序抽取地基下层土壤，交由专业人员鉴定。

最后，按照民宿建筑工程的建设阶段来进行地质勘测，通常初次勘探主要是分析地质水文情况，包括不同时期地下水位的情况和地下水的成分分析等。详细勘探则需要明确每一个地层的岩土情况，以便后期采取正确的施工方式建造民宿。

2. 不同地基的处理方式

不同地区的土质状况会有所不同，常见的地基有冻土地基、盐碱地基、岩石地基与温软、软湿地基等。地质勘探时应当依据不同的土质状况选择不同的地基处理方式（图 3-10）。

```
不同地基的处理方式
├── 冻土地基
│   ├── 季节冻土
│   │   在地基底部增加0.8～1.2m厚砂石混合垫层
│   └── 常年冻土
│       隔绝热源并做好防潮层与保温层
├── 盐碱地基
│   ├── 阻塞
│   │   在墙体中灌入水泥混合浆，阻塞内部孔道，避免墙面被腐蚀
│   └── 切断
│       在地基圈梁中灌入水泥混合浆，在外部制作防水防潮层
├── 岩石地基
│   对岩石进行开挖、置换，重新注入混凝土灌浆，同时采用钢材加固
└── 软湿地基
    将固化剂、水泥、石灰或掺入粉煤灰的混合物在地基深处与软湿土搅拌，形成密度、刚度较大的地基加固桩体
```

图 3-10　不同地基的处理方式

3.2.4　了解民宿建筑的结构与设施

民宿建筑的结构与设施内容烦琐，以下通过表 3-2 来全面表述，以便进行纵横向对比。

表 3-2　民宿建筑的结构与设施

结构与设施	图示	特点
构造柱		构造柱多在墙体纵横交接处、楼梯间休息平台处、墙体转角或房间边角处，主要用于抗震、抗剪力等横向荷载，通常需要与圈梁、地梁、基础梁等整体浇筑，并需要与砖墙体水平拉接钢筋连接在一起
基础梁		基础梁通常位于地基土层上，主要作为上部建筑的基础，将上部荷载传递到地基上，有较好的承重性与抗弯性，能很好地协调地震时建筑基础的变形
圈梁		1）圈梁指建筑中连续围合的梁，可用于提高房屋空间刚度，提高砖墙的抗剪、抗拉强度，防止沉降，避免地震或其他较大振动荷载对民宿建筑造成破坏 2）圈梁可分为地圈梁与上圈梁，前者也被称为基础圈梁，是建筑基础上部构筑连续的钢筋混凝土梁；后者在墙体上部，是紧挨楼板的钢筋混凝土梁

（续）

结构与设施	图示	特点
过梁	过梁是在门窗洞口设置的横梁，主要可用来承受洞口顶面以上部分砌体的自重，同时也可用于承载上层楼板、横梁带来的荷载	
钢筋砖过梁	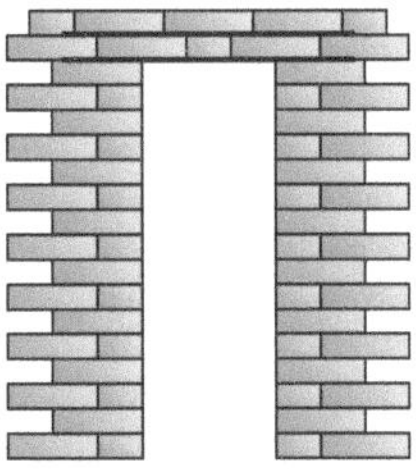	钢筋砖过梁适用于荷载不大、跨度较小的门、窗和设备洞口等处，施工简单、快捷
钢筋混凝土过梁		钢筋混凝土过梁有矩形和 L 形等多种，施工方式与钢筋砖过梁相似
砖砌弧拱		砖砌弧拱适用于拱形门和窗洞，主要用于洞口宽度小于 1500mm 的门窗构造
楼板	楼板是建筑的水平承重构件，常见的有钢筋混凝土现浇楼板与预制楼板，主要用于分隔建筑的上下层，通常由结构层、面层、顶棚等构成	
钢筋混凝土现浇楼板		钢筋混凝土现浇楼板分为普通钢筋混凝土现浇楼板、钢筋混凝土肋形楼板、无梁楼板等。这类楼板具有较好的整体性、耐久性与抗震性，但施工周期较长
钢筋混凝土预制楼板		钢筋混凝土预制楼板是先在工厂制作完成，然后安装，通常可分为实心平板、槽形板和空心板等。这类楼板可有效加快施工进度，但整体性较差

（续）

结构与设施		图示	特点
门窗	门		1）门要结合室内可用面积、室内家具布置、室内通风、成员出入情况等来设置，通常入户大门的高度为2100mm，室内各房间门的高度为2000mm 2）常规卧室门的宽度为800mm，卫生间和厨房的单扇门宽度为700mm，推拉门开启后的通行宽度应不小于900mm。如果门的宽度在1200mm及以上，则建议采用双扇门，这样通行会更方便
	窗		1）窗要结合室内采光、室内通风、房间大小等来设置，窗户的位置建议设置在房间外墙的中央处，尽量开设在朝南的方向，这样也能更好地实现冬暖夏凉 2）通常室内主要居住空间的窗户面积应不小于1.8m²，厨房和卫生间等辅助空间的面积应不小于0.9m²
给水排水	给水管道		给水管道要结合当地水源设计，要保证水源的洁净、卫生，并做好相应的净化处理工作，做好生活给水、生产给水与给水管道防老化的处理
	排水管道		排水主要包括生活污水、生活废水与雨水等，洗面台、水槽、地漏等排水设施的下端通常选用采用 ϕ 50 ～ ϕ 75mmPVC 排水管；坐便器、蹲便器等排水设施的下端采用 ϕ 110mmPVC 排水管

3.2.5 关于民宿的平面布置

民宿平面布置的核心是使用功能，在建造民宿时必须从多角度分析，如民宿空间功能、民宿预计房数、民宿工作人员数、民宿独立性等。

1. 明确空间功能

民宿布置要能满足游客与工作人员不同的生活需求，室内外布置要能有机地结合在一起，要能做到洁、污分区，男、女分区，生产与生活分区等。

2. 注重居住舒适度

居住舒适度是游客衡量该民宿是否适宜居住，是否适合推荐给他人的一个重要标准之一。民宿在进行平面布置时应当考虑到民宿基地的具体朝向与建造楼层数，这会影响民宿的采光状况，对居住价值也会有所影响；要判断采光方向，选择适合的方向开设窗户；还要考虑到民宿内部的通风情况，要求民宿内部既能保持良好的通风，同时也能很好地保护游客的隐私（图 3-11 ～图 3-13）。

图 3-11 独立卫生间
↑民宿室内面积比较开阔，对卫生间的利用要充分，对于面积较大的卫生间应当参考高级酒店的布局形式，完善卫生间的使用功能。

图 3-12 采光较好的民宿
↑将采光较好的房间进行拓展利用，设计为餐厅、陶艺吧、图书室等。

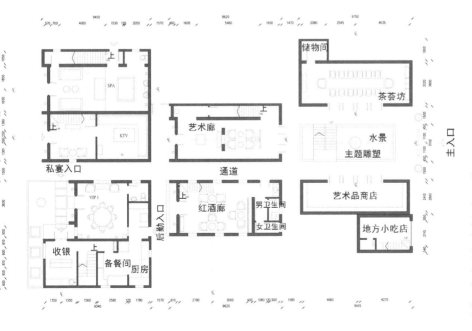

图 3-13 民宿公共区平面布置图（示意图）
←在平面布置中，对公共区进行多功能设计，参考度假酒店的功能空间，再进行筛选并细化，甚至是超越酒店，以形成地域特色来吸引游客。

3.2.6　根据建筑面积合理分区

民宿建造时应当依据建筑面积、民宿运营定位、民宿目标客户等来设计不同的功能空间，通常应设计收银区、待客区、餐厅、吧台、厨房、客房、卫生间、阳台、走廊、楼梯、仓库、户外活动区、体验区等，这些空间的布置应当与普通住宅有所不同，要将别墅与酒店相融合，在开阔的面积内布置必备功能家具，同时还应注重商品展示，同步销售土特产品。民宿经营者还可以依据实际情况另行增加功能空间（图 3-14 ~ 图 3-22）。

图 3-14　前台

↑前台位于民宿入口最近处，一般不需占用过多面积，主要用于接洽游客进行预订单处理。

图 3-15　待客区

↑待客区面积不可过小或过大，游客可在此等待确认入住，也可在此处休憩。

图 3-16　餐厅

↑游客与民宿工作人员可在餐厅用餐，但注意应分区用餐。

图 3-17　厨房

↑民宿工作人员与游客均可在此处进行烹饪，一般选择封闭式厨房或半开放式厨房。

图 3-18　客房

↑客房依据可入住人数与内部设施不同可分为不同的房型，注意保持内部环境的整洁。

图 3-19　卫生间

↑卫生间要做好防滑措施，内部环境要整洁，不可有异味，要保证使用者的隐私。

图 3-20　走廊

↑走廊要能流畅行走，宽度为 900mm 以上，长走廊可在墙面装饰挂画，这样就会避免过于单调。

图 3-21　户外活动区

↑户外活动区要开阔，要做好安全措施，并能充分利用当地的自然资源。

图 3-22　体验区

↑体验区要具有特色，可以多设置几处体验区，这样会有效提高民宿的入住率与回头率。

3.2.7 注重外立面装饰设计

民宿外立面装饰设计主要包括民宿建筑的装饰风格、装饰手法、细部塑造等内容。

1. 确定装饰风格

民宿外立面常见的装饰风格有中式复古风格、美式乡村风格、欧式古典风格、现代简约风格等，可依据民宿的设计定位选择（图 3-23、图 3-24）。

图 3-23　中式复古风格
↑中式复古风格具备较强的地域性特征，建筑样式多参考明清时期的建筑设计，颇具古典美。

图 3-24　现代简约风格
↑现代简约风格的建筑外观比较简单，但仍具有艺术性，建筑多强调内部的居住功能。

2. 正确应用装饰手法

建筑外立面由许多种建筑构件组成，主要包括墙体、梁、柱、出檐、台阶、勒脚、门、窗、阳台和外廊等，民宿外立面建造应当围绕这些构件展开。

1）设计要保证建筑各构件能够正常使用，要保证尺度与比例的合理性。

2）当建筑外墙出现多个重复的构造时，为了避免单调，应当做适当的变化，变化要具备一定的节奏韵律感。

3）材料与色彩的搭配也要恰到好处，通常材料搭配要从成本、风格和质感等角度考虑，色彩搭配则需从建筑风格和当地风俗等角度考虑。

3. 加强建筑细部塑造

高颜值民宿建筑必定是注重细部塑造的。在实际设计时，要能加强对屋檐、窗台、阳台、台阶和栏板等建筑细部的处理，可通过加强阴影对比和增加线条分格等形式来强化建筑细部的轮廓特征。

3.3 民宿建造选材

建筑材料是建筑设计、施工的物质基础，由于建筑需要长期经受风吹雨打，为了保障建筑的稳定性与安全性，在建造之前一定要选用综合性能较强、经久耐用的建筑材料。

3.3.1 建筑材料基础

随着物质经济的快速发展，建筑材料也在不断更新，衍生出了许多新型材料，如成品墙板和防水涂料等。

1. 建筑材料的功能

建筑材料的功能主要表现为承载功能、装饰功能与保护功能。

1）承载功能要求建筑建造完成后能够承载自身重量、使用者的重量与各类生活用品的重量。在材料的选用上，往往需要多种材料搭配使用。

2）装饰功能要求建筑建造完成后能够具有审美性与艺术性，并能营造一种理想的空间氛围，这些都需要通过建筑材料的色彩、质感和线条样式等来实现。

3）保护功能要求建筑建造完成后能抵御自然风雨的侵袭，能够长久地屹立不倒。在材料的选用上，多选用强度、耐久性和透气性较好，能有效调节空气湿度和改善环境的建筑材料（图 3-25、图 3-26）。

图 3-25 自然材料
↑自然材料是指在当地就近获取的毛石，经过加工后成为形态比较规整的状态，用于砌筑墙体或地面基础。

图 3-26 成品材料
↑成品材料是指在当地建筑装饰材料市场购买的砖材、水泥和钢筋等工业材料，其形态规整、使用便利。

2. 建筑材料的分类

不同的建筑材料有着不同用途与不同性能，因此分类方法也有很多。

（1）按材质分类 建筑材料主要可分为有机高分子材料，如木材；无机非金属材料，如玻璃；金属材料，如不锈钢；复合材料，如粉煤灰砖等。

（2）按燃烧性分类　建筑材料主要可分为具有不燃性的 A
级材料，如玻璃；具有很难燃烧性的 B1 级材料，如石膏板；具
有可燃性的 B2 级材料，如各种木材；具有易燃性的 B3 级材料，
如油漆等。

（3）按使用部位分类　建筑材料主要可分为地基材料，如
混凝土；墙体材料，如水泥砂浆；屋顶材料，如瓦片；装饰材料，
如涂料等。

（4）按商品形式分类　建筑材料主要可分为金属材料、混
凝土、砌体材料、木质材料、防水材料等。

3.3.2　建筑材料性能

1. 金属材料

金属材料是指含有金属元素或以金属元素为主的具有金属特
性的材料，这类材料坚固、强硬，且韧性也较好（表 3-3）。

表 3-3　金属材料分类

结构与设施		图示	特点
钢筋			1）钢筋依据轧制外形可分为光面钢筋、带肋钢筋、冷轧扭钢筋、钢丝和钢绞线等 2）优质钢筋外表没有裂纹、结疤和折叠痕迹，且弯曲性能、反向弯曲性能较好，长度允许偏差通常 ≤ 50mm
型钢	工字钢		工字钢是截面为工字形的长条钢材，也被称为钢梁，规格形式为腰高 × 腿宽 × 腰厚，主要用于架空楼板、立柱支撑等承载较大的部位，适用于地震多发区域的建筑建造
	槽钢		槽钢的截面为凹槽形，规格形式为腰高 × 腿宽 × 腰厚，有普通槽钢与轻型槽钢之分，常作为主要承重构件与工字钢配合使用
	角钢		角钢的两边互相垂直，即呈 90° 角，因此也被称为角铁，规格形式为边宽 × 边宽 × 边厚，可主要用于辅助工字钢与槽钢，常作为局部承载补充构件

（续）

结构与设施		图示	特点
型钢	冷弯型钢		冷弯型钢能有效提高生产效率，常见的有轻钢龙骨和彩色涂层钢板等，前者可用于室内隔墙和吊顶制作；后者可用于民宿旁的附属建筑围合，如工具间、仓库
焊接材料			1）金属焊接材料多指电焊，由金属焊芯和涂料构成，其中涂料即指药皮，压涂在电焊焊芯表面的涂层即为药皮 2）焊条的规格通常为 $\phi 2.5 \sim \phi 6mm$，长度为 $350 \sim 450mm$；使用焊条时，要查看其是否受潮，是否有锈迹等，建议现用现拆

2. 混凝土

混凝土是建筑建造的主要材料，强度比较高。其主要是由以下三种材料组成：

（1）水泥　水泥是一种粉状水硬性无机胶凝材料，适用于黏结墙体砌筑材料，浇筑各种梁、柱等实体构造。在使用水泥时，要注意水泥的凝固时间，要选择强度合适的水泥，使用过程中也要避免潮冻、曝晒，要保证水泥没有杂质，且色泽为正常的灰白色。

通常普通的硅酸盐水泥的实际初凝时间为 $1 \sim 3h$，终凝时间为 $4 \sim 6h$；水泥的强度等级从弱到强依次为 42.5、42.5R、52.5、52.5R、62.5、62.5R（图3-27、图3-28）。

（2）砂　砂指天然水域中形成与堆积的岩石碎屑，有河砂与海砂之分，前者多呈土黄色，性质比较稳定，适用于建筑建造；后者多呈土灰色，对钢筋、水泥等有腐蚀性（图3-29、图3-30）。

（3）石料　石料也指石材，所有能作为建筑材料的石头都可称为石料，常见的建筑石料主要为岩浆岩、沉积岩、变质岩等（图3-31）。

混凝土属于人工石材，经混合搅拌，硬化而成，价格比较实惠，生产工艺比较简单，且耐久性好，抗压强度也比较高（图3-32、图3-33）。

混凝土彩瓦是新型屋面建筑材料，又名彩色混凝土瓦、彩瓦，其抗渗性、承载力与观赏性都较好，通常优质的彩瓦外观会很规整，边条也很平直，且正反面都没有缺损与裂纹（图 3-34、图 3-35）。

图 3-27 水泥砂浆
↑水泥砂浆由水泥与砂混合后加水调和而成，用于黏合砖块等建筑材料。

图 3-28 水泥砂浆砌墙
↑将水泥砂浆涂抹至砖块表面，砌筑后能获得稳固的建筑构造。

图 3-29 河砂
↑河砂颗粒棱角分明，具有良好的附着力，是水泥砂浆调和的必备材料。

图 3-30 海砂
↑海砂中含有氯离子，会腐蚀钢筋等建筑材料，不能直接用于水泥砂浆调和，需要淡化处理，使用成本较高。

图 3-31 石料
↑石料棱角分明，混合在水泥砂浆中能大幅度提升水泥砂浆的强度。

图 3-32 混凝土
↑混凝土用于对强度有要求的建筑结构，如楼板、立柱等。

图 3-33 搅拌获得混凝土
↑根据使用需求，将水泥、砂、石料、水按不同比例置入搅拌机中，经过搅拌调和后获得混凝土。

图 3-34 混凝土彩瓦
↑采用混凝土浇筑至模具中成型，表面附着染色剂，具有强烈的装饰效果。

图 3-35 混凝土彩瓦屋顶
↑民宿建筑应当根据设计风格与民俗民风来选择不同色彩的混凝土彩瓦。

3. 砌体材料

砌体材料主要是指用于墙体砌筑的砖、砌块、石材、砂浆等（表 3-4）。

4. 木质材料

木质材料可统分为软材与硬材，经过加工后的木质材料可用作建筑建造。

表3-4 砌体材料分类

类别	图示	特性
粉煤灰砖		1）粉煤灰砖是采用工业废弃固态物，经过高压或蒸气养护而成的砖体，主要用于各种建筑墙体与构造的砌筑，但不可用于长期受热，以及受急冷急热与有酸性介质侵蚀的建筑部位 2）粉煤灰砖能有效降低建筑成本，可分为实心砖、空心砖等，前者可用于承重结构墙体；后者可用于非承重结构墙体。优质的粉煤灰砖外观平直，多呈青灰色，触感光滑，且棱角方正
灰砂砖		1）灰砂砖是一种新型多孔建筑材料，是以砂与石灰为主要原料，压制成型，然后经高压蒸气养护而成的砖，多适用于多层砖混建筑的承重墙体 2）灰砂砖呈灰白色，有较好的隔声性能，且不易燃烧，整体制作成本较低，但同样也不可用于长期环境温度在200℃以上，以及受急冷急热与有酸性介质侵蚀的建筑部位
炉渣砖		1）炉渣砖是以炉渣为主要原料，加入适量的水泥、电石渣、石膏等材料，经混合、压制成型，再经蒸养或蒸压养护而成，可用于一般建筑物的非承重墙体与基础部位 2）炉渣砖表面呈黑灰色，整体质地较脆，容易碎裂，使用与运输时都需格外注意
混凝土砌块		混凝土砌块是以水泥为胶凝材料，添加砂石等配料，加水搅拌，振动加压成型，然后经养护而成。其自重轻，热工性能与抗震性能好，砌筑方便，施工效率高，平整度好，但易产生收缩变形，且易破损，不便砍削加工
砌体石材		砌体石材可分为重质岩石、轻质岩石，前者耐久性好，抗压强度高，后者容易加工，但耐久性差，抗压强度低

（续）

类别	图示	特性
砌筑砂浆	砌筑砂浆 加气砖专用系列	砌筑砂浆可与其他砌体材料搭配在一起使用，主要可用于墙体、基础构造砌筑，常用的砌筑砂浆有水泥砂浆、石灰砂浆、水泥石灰混合砂浆等

（1）木质材料的分类　木质材料依据用途的不同可分为轻质木料骨架与硬质木料骨架。木质依据树种的不同则可分为针叶树与阔叶树，针叶树为软质木材，质地松软，易于加工，耐腐蚀性比较好，可用作各种建筑承重构件；阔叶树为硬质木材，质地坚硬，加工困难，容易受干湿变化的影响而出现开裂、翘曲等问题，适用于建筑辅助构造、饰面装饰、家具制作等。

（2）木质材料的性质　木质材料为多孔性物质，中密度木材多为 0.7 ~ 0.85g/cm^3；木材的力学性能也较好，顺纹抗拉与抗压强度都比较高；木质材料容易燃烧，且容易受潮，在使用时一定要注意做好防火、防潮等处理。

（3）木质材料的鉴别　优质的木质材料应当比较干燥，总体含水率不可高于 18%，且表面色泽自然，木材表面纤维排列正常，没有任何翘曲、开裂。

（4）木质材料的选购　选购木质材料时要注意仔细观察木质材料的结节处表面是否有霉菌，是否有异味。在选购防腐木以外的木材时要尽量避免购买已经涂刷有油漆或防腐剂的木材（图 3-36）。

a）原木制作横梁架　　　　　　　　b）原木加工后制作门窗隔断

c）实木板材制作立柱与走道吊顶

d）原木构造表面喷涂透明聚酯漆

图 3-36 民宿中的木质材料

↑木质材料具有良好的风格表现效果，但是需要经过深度加工，很多木质材料都是从民宿附近开采而来，需要经过晾晒和防腐处理，表面纹理和色泽也需要根据设计要求进行改良。对于作为支撑构件的木质材料应当购置成品，经过工厂统一加工处理的木质材料还需检验合格才能出厂销售，以符合建筑强度要求。

5. 防水材料

防水材料可以有效增强建筑的防水性，比较常用的防水材料是防水涂料与防水卷材，建筑边角部位则会用到防水密封胶（表 3-5）。

表 3-5　防水材料分类

类别		图示	特点
防水涂料	聚氨酯防水涂料		聚氨酯防水涂料能在潮湿或干燥的各种基面上直接施工，黏结强度高，涂膜有良好的柔韧性，且耐候性好，高温不流淌，低温不龟裂，抗老化性能、耐油、耐磨、耐臭氧、耐酸碱侵蚀等性能也都很好
	丙烯酸防水涂料		丙烯酸防水涂料弹性比较高，能抵御建筑的轻微震动，且能覆盖由于热胀冷缩、开裂、下沉等原因产生的小于 5mm 的裂缝，可在潮湿基面上直接施工，比较适用于墙角与管道周边的渗水部位
	聚合物水泥基防水涂料		聚合物水泥基防水涂料既包含有机聚合物乳液，又包含有无机水泥，装饰效果较好，抗湿性与防水性很不错，综合性能较优，能达到较好的防水效果

（续）

类别		图示	特点
防水卷材	聚合物改性沥青防水卷材		聚合物改性沥青防水卷材光洁柔软，厚度多为3～5mm，可单层使用，具有20年以上的使用寿命，且施工操作方便、安全，施工效率高，抗负荷变形能力好，全年均可施工
	合成高分子防水卷材	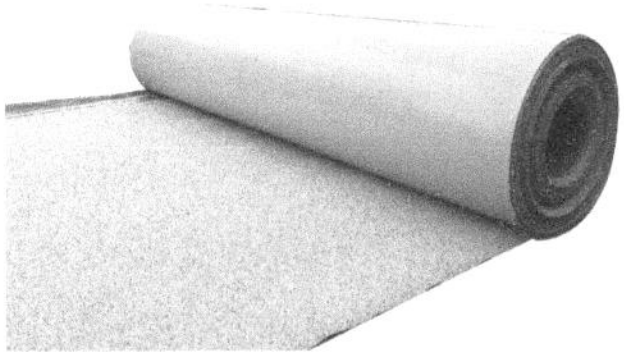	合成高分子防水卷材主要分为三元乙烯橡胶防水卷材与氯化聚乙烯防水卷材，前者耐老化性、耐候性、耐臭氧性、耐热性与低温柔性都较好；后者抗渗能力、抗拉能力较好，易黏结，摩擦系数大、稳定性好，无毒，变形适应能力很强
防水密封胶	聚氨酯密封胶		1）聚氨酯密封胶具有优良的耐磨性、复原性与低温柔软性，机械强度大，黏结性与弹性也较好，使用寿命较长 2）聚氨酯密封胶主要可用于建筑外墙表面的各种缝隙，如伸缩缝、雨水槽、石材拼接缝、墙角缝和门窗缝等处
	硅酮密封胶		1）硅酮密封胶也称为玻璃胶，多呈半透明或白色膏状，能很好地黏结金属、玻璃、陶瓷、塑料和木材等材料 2）硅酮密封胶适用于各种金属边框的玻璃门窗填缝密封，也可用于多孔性石材、玻璃、金属材料等填缝密封，还可用于填补陶瓷、洁具等设备的缝隙
	聚硫密封胶		1）聚硫密封胶具有优良的耐油、耐水、耐热和耐氧化性能，施工时注意不可与硅酮密封胶同时使用 2）聚硫密封胶适用于中空玻璃密封，金属、混凝土幕墙接缝，地下室、水库和蓄水池等构筑物的防水密封，路面、墙面伸缩缝和裂缝的修补密封等

6. 成品构件

成品构件品种较多，优质的成品构件能够大幅度地降低施工难度，提高施工效率，降低施工成本。一般民宿建筑中会运用到成品门窗、预制板、管线材料等，这些成品构件在提高建造效率的同时能简化建筑结构，形成美观、安全的建筑结构（表3-6）。

表 3-6　成品构件分类

类别		图示	特点
成品门窗	彩色铝合金门窗		1）彩色铝合金门窗由彩色铝型材、玻璃、五金件等材料组成，有着比较柔和的视觉效果，具有氧化膜，能耐腐蚀、耐磨损，能防火，常用于外墙，可作为室内外分隔的屏障 2）优质彩色铝合金门窗加工精细，切线流畅、角度一致，密封性能好，开关顺畅，在强风与外力的作用下，玻璃不会出现炸裂与脱落
	塑钢门窗		1）塑钢门窗具有良好的隔热性，即使长期处于烈日、暴雨、干燥和潮湿等环境中，也不会出现变色、变质和老化等现象 2）塑钢门窗不自燃、不助燃，且离火自熄、安全可靠和易加工，门窗质地细密平滑，质量内外一致，表面不用再额外进行特殊处理
	防盗门		防盗门也称安全门，它具有较好的防盗功能，合格的防盗门在 15min 内利用錾子、螺钉旋具、撬棍等工具无法撬开，主要可分为栅栏式防盗门、实体式防盗门和复合式防盗门三种 1）栅栏式防盗门通风，轻便、造型美观，且价格相对较低，但防盗效果不如封闭式的防盗门 2）实体式防盗门具有防盗、防火、绝热和隔声等功能，耐冲击力强，通常实体式防盗门会安装猫眼和门铃等设施 3）复合式防盗门，由实体式防盗门与栅栏式防盗门组合而成，具有防盗、夏季防蚊虫、通风纳凉、冬季保暖、隔声的特点
	室内木门		室内木门用于民宿建筑室内的各个房间，主要有实木门、模压门、钢木复合门、贴板门等 1）实木门容易变形、开裂，但立体感强 2）模压门具有良好的隔声效果，但易变形，价格比较低廉 3）钢木复合门不易变形，可防虫，价格适中，但刮伤后不易补漆 4）贴板门制作工艺较为简单，成本较低，但手感差，适合做平板门

（续）

类别		图示	特点
预制板	预制楼板		预制楼板又称为混凝土预制板,是一种传统的建筑型材,适用于砖混结构建筑,有实心与空心之分,其中空心预制楼板能有效减轻重量,降低造价
	轻质墙板		轻质墙板可直接用于建筑隔墙,常见的轻质墙板有 GRC 空心轻质隔墙板、ZW 轻质隔墙板、轻质加气混凝土板、灰渣机械条板等
管线材料	电线		电线可分为单股电线与护套电线,单股电线即单根电线,可细分为软芯线与硬芯线;护套电线是两根单股电线组合的产品,外部标有字母,代表不同含义
	水管		水管主要包括 PPR 给水管与 PVC 排水管,PPR 给水管重量轻、耐腐蚀、不结垢、保温节能、使用寿命长;PVC 排水管重量轻、内壁光滑、流体阻力小、耐腐蚀性好、价格也较低

3.4 民宿建造施工

民宿建造施工是重中之重,施工时一定要保障安全性与建筑完成后的稳定性,这样游客居住也能更安全。

3.4.1 厘清施工工序

施工前要了解相关的建造施工常识与基本的施工管理知识,这样才能更好地督促施工人员,才能更有效地提高施工效率。

一般民宿建筑应按照施工准备→基础工程施工→墙体工程施工→楼地面工程施工→屋顶工程施工→配套设施工程施工等的施

工工序进行施工。

3.4.2 基础工程要保证质量

基础工程也被称为地基工程，主要是指隐蔽在地下的墙、柱体的延伸构造，要求基础工程能承载住民宿建筑的重量，在施工时一定要保证基础工程的施工质量，这关乎着民宿建筑的整体安全性能。

1. 放线定位

放线定位主要包括水平定位与标高定位。

首先，在定位前要仔细阅读设计图与勘测图，辨清民宿建筑的位置。

然后，再以外墙轴线的交点为依据，使用经纬仪投射出其他立柱的桩位。

接着，仔细观察周边环境，如周边建筑、河道、水沟等的地面高度，推测出 ±0.000 标高。

最后，再根据 ±0.000 标高，使用水平仪、水平尺在龙门桩上标出其他构造的标高位置。

2. 土方开挖

土方开挖主要有人工开挖、机械开挖、基底钎探等方式。人工开挖为多人操作，每两人间距应大于 3m，每人工作面应大于 6m^2；机械开挖应随时检查平面位置、标高、坡度、地下水位等情况；基底钎探则是在基础开挖达到设计深度后，探察其以下土层是否存在坑穴、古墓、古井、防空掩体等，施工时要确定钎探孔的布置及顺序编号，标出方向及重要控制轴线，防止错打或漏打（图 3-37、图 3-38）。

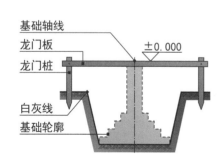

图 3-37 基础坑槽构造示意图
↑人工开挖时，应沿白灰线进行，并将白灰线的边缘挖除，以保证槽宽或坑宽。

图 3-38 机械开挖
↑机械开挖基槽时要严格控制好开挖深度，注意机械不能碾压松软的土壤或输电线路。

3. 基础施工

基础施工主要有砖砌体施工、石砌体施工、钢筋混凝土构造施工等（表 3-7）。

表 3-7 基础施工

施工类别	图示	特点	施工方法	施工要点
砖砌体施工	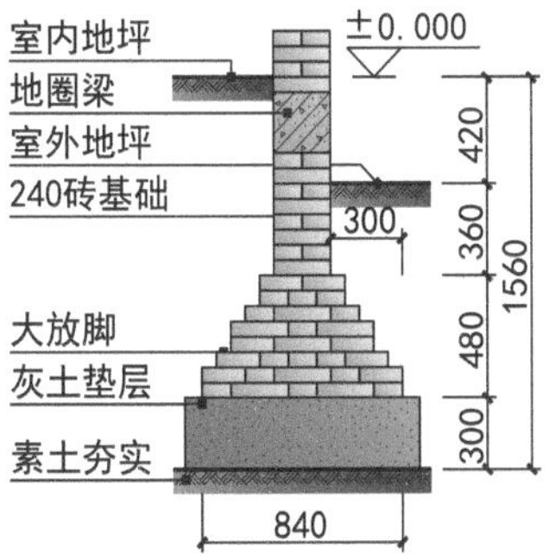	砖砌体基础结构抗压性能好，成本低廉，适用于地基坚实、均匀、上部荷载较小的基础	首先，检查基础垫层，清除表面杂物及浮土；其次，放线定位，配置1:3的水泥砂浆；再次，砌筑，应对砖适当湿水；最后，砌完砖基础后及时做防潮层，基础砌筑完后及时回填、夯实	砖砌体施工拌制砂浆时要采用搅拌机，拌料前需筛除砂中的泥块与其他杂物；砌筑时，要里外搭槎，上下皮竖缝至少错开25%砖长，水平灰缝不得出现透明缝、瞎缝、假缝，要保证防潮层的铺设厚度等
石砌体施工	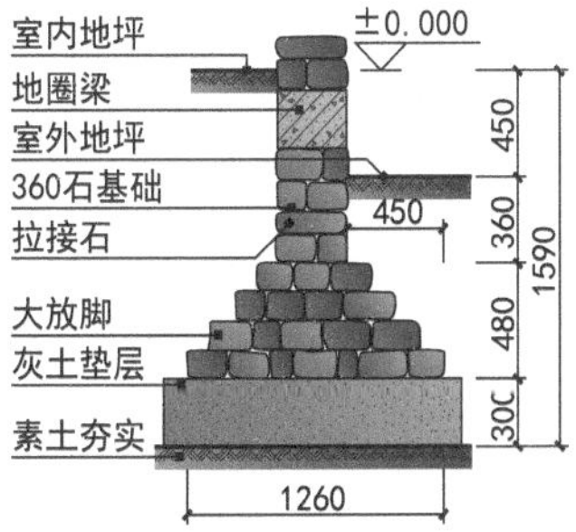	石砌体基础强度较高，其施工常用的石料主要有毛石、卵石、料石等，其中毛石砌筑最复杂	首先，准备铁锤凿切石料；其次，确定基础边线位置，砌筑第1皮石块；再次，选好石块进行错缝试摆，试摆应确保上下错缝，内外搭接，合格后即可砌筑第2皮石块；最后，采用1:3水泥砂浆填补灰缝，检查合格后再回填土方	所选用的毛石应质地坚实，表面应无风化、剥落、裂纹，施工前要清理地基槽内的杂物，槽内不能有积水，干燥时要洒水湿润；砂浆厚度要控制在50mm左右，同皮内每隔2m左右应砌1块横贯墙身的拉结石；砌筑时还需保证砌体不产生偏斜、内陷与外凸等
钢筋混凝土构造施工	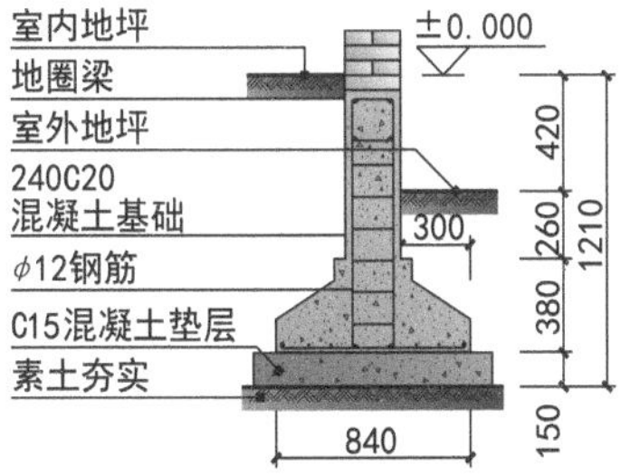	钢筋混凝土基础施工包括独立基础与条形基础两种，独立基础是柱下基础的基本形式	首先，安装基础浇筑模板；其次，开始配筋，钢筋沿宽度方向布置；再次，浇筑厚150mm的C15混凝土垫层，混凝土宜分段分层连续浇筑；最后，使用振捣棒捣实，外露部分应覆盖或浇水养护7d	当独立基础为阶梯形时，每阶高度为400mm左右，梯阶的尺寸应为整数，一般为50mm的倍数；浇筑时各层各段之间应相互衔接，逐段逐层呈阶梯状推进，先灌注模板的内边角，再浇筑中间部位

4. 土方回填

土方回填包括基底处理、回填材料、回填施工等内容。

（1）基底处理 基底处理包括清除基础底部草皮与垃圾，拔出树根，清除坑穴内的积水、淤泥、杂物等。施工时要分层回填夯实，当基底为耕植土或松土时，应将基底碾压密实后再回填；当基底为软土时，可采用换土或抛石挤淤等方法处理基底，当软土层厚度较大时，应采用砂垫层、砂桩等方法进行加固。

（2）回填材料 土方回填应采用黏土回填，不应采用地表的耕植土、淤泥、膨胀土及杂填土回填；当基底为灰土时，土料应采用地基槽中挖出的土，注意凡有机质含量不大的黏土都可作为回填土料；砂垫层或砂石垫层地基则建议采用质地坚硬的中粗砂，或采用粒径为 20 ~ 50mm 的碎石或卵石回填（图 3-39）。

（3）回填施工 回填施工时可用皮数杆控制铺土的厚度，已填好的土如果浸水，应将稀泥铲除后才可进行压实；当在冬季回填土方时，每层铺设厚度应比常温施工时减少 25%，且不可有冻土块；填方全部完成后，表面还要进行弹线找平，超高的部分应当铲除，不足的部分应进行填补（图 3-40、图 3-41）。

图 3-39 地基回填
↑地基回填时所用土块的颗粒应不大于50mm，当土块较大时一定要过筛筛除。注意拌制 3：7 灰土的石灰时，必须完全消解后才可以使用，石灰的粒径也不应大于5mm，必须充分与黏土均匀拌和后，才可铺在地基坑槽内。

图 3-40 打夯机
↑中小型打夯机就能满足民宿建造的需求，能对地面与基础进行充分平整，提高上层建筑的承载能力。

图 3-41 地基夯实
↑打夯机应均匀分布，不留间隔，操作速度不宜太快，要逐渐向前，不可漏夯；在边角位置时，要夯击基础边沿，然后退回再转弯，夯压的遍数应不少于 5 遍，夯实后还需修整表面，要保证表面无虚土，且质地坚实、发黑、发亮。

3.4.3 墙体工程要足够牢固

墙体是民宿建筑的主要构件，具有承重、围护、分隔、装饰等作用，主要涉及的是砖墙与砌块墙。墙体的厚度应依据墙体的承重、功能、强度与稳定性来确定，且要与砖、砌块的规格相适应。

1. 砖墙砌筑

砖墙砌筑最为普遍，其是指将普通砖使用水泥砂浆按顺序成组砌筑，主要分为清水墙与混水墙两种。砌筑时要保证砌块上下错缝，内外搭接，要保证整体性，且能节省材料（表 3-8）。

表 3-8 砖墙砌筑形式

类别	图示	特点
全顺砖砌法	顺砖	全顺砖砌法又称为条砌法，即每皮砖全部采取顺砖砌筑，且上下皮间的竖缝错开 50％砖长，仅适用于厚 120mm 的单墙砌筑
一顺砖一丁砖砌法	顺砖 丁砖	一顺砖一丁砖砌法又称为满条砌法，即 1 皮砖全部为顺砖，与 1 皮全部丁砖相间隔的砌筑方法，上下皮间的竖缝应相互错开 25％砖长
梅花丁砖砌法	顺砖 丁砖	梅花丁砖砌法的砌筑重点在于每皮中均采用丁砖与顺砖间隔砌成，上皮丁砖放置在下皮顺砖中央，两皮间竖缝相互错开 25％砖长。这种砌筑方法灰缝整齐，外观平整，结构整体性好，多用于清水墙砌筑
三顺砖一丁砖砌法	顺砖 丁砖	三顺砖一丁砖砌法的砌筑重点在于连续 3 皮中全部采用顺砖与另 1 皮全为丁砖上下相间隔，上下相邻 2 皮顺砖竖缝错开 50％砖长，顺砖与丁砖间竖缝错开 25％砖长
两平砖一侧砖砌法	平砖 侧砖	两平砖一侧砖砌法的砌筑重点在于是先砌 2 皮平砖，再立砌 1 侧砖，平砌砖均为顺砖，上下皮竖缝相互错开 50％砖长，平砌与侧砌砖层间错开 25％砖长

砖墙砌筑时，应遵循以下方法施工。

（1）放线定位　放线定位应使用水平仪将水平基点引到墙的四角，并标出所引水平点与 ±0.000 的标高。

（2）立皮数杆　这能控制墙体竖向标准尺度，皮数杆常用截面边长 50 ～ 70mm 木龙骨拼接制成，长度应略高于一层楼的高度。

（3）盘角与挂线施工　盘角又称砌大角，是采用砖块对墙角进行错缝砌筑，砌筑时要做到墙角方正、墙面顺直。挂线则是指以盘角的墙体为依据，在两个盘角之间的墙体两侧挂水平线。

（4）砖体砌筑　砖体砌筑前要湿水，通常会选用挤浆法与满刀灰法砌筑。

（5）勾缝清面　勾缝时要掌握好时机，通常应待砂浆干燥到 70% 后进行，注意勾缝时不可将砖缝内的砂浆刮掉，而是要用力将砂浆向灰缝内挤压，直至将瞎缝或砂浆不饱满处填满（图 3-42、图 3-43）。

a）墙体砌筑

b）砖块抹灰

图 3-42　砖墙砌筑

↑砖墙砌筑所用的挤浆法是先用砖刀或小方铲在墙上铺长度不大于 750mm 的砂浆，手持两砖向中间挤压缝隙，然后再用砖刀将砖与缝隙调平；满刀灰法则是用砖刀挑起适量水泥砂浆，并将其涂抹在砖体表面，再将砖放在相应位置上，这种方法主要用于窗台、转角、砖拱等局部砌筑。

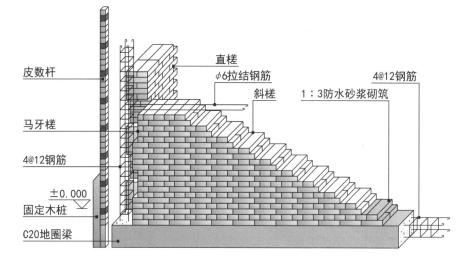

图 3-43　砖墙砌筑构造示意图

←砖墙交接处不可同时砌筑时，应砌成斜槎，斜槎长度应大于高度的 60%，临时间断处可留直槎，但必须做凸直槎，并应加设拉结钢筋；砌筑时应分皮相互砌通，内角相交处竖缝应错开 25% 砖长，并在横墙端头加砌 75% 头砖，且要预留好墙洞，并做好砖墙防潮处理。

2. 小型混凝土砌块砌筑

小型混凝土砌块的形体较大，自重较轻，主要可分为实心砌块和空心砌块，这里主要介绍空心砌块的砌筑方法（图 3-44）。

（1）施工方法

1）放线定位。施工前应将基础面或楼层结构面按标高找平，并放出墙体边线、洞口线等。

2）砌块砌筑。普通小型混凝土砌块不宜浇水湿润，且应从外墙转角处开始砌筑墙体，砌一皮校正一皮，要把控好砌体高度与墙面平整度，砌筑砂浆应随铺随砌，砌体灰缝应横平竖直。

3）墙面抹灰。墙面抹灰应分层进行，总厚度应在 20mm 以内，注意必须待屋面工程全部完工后再进行抹灰，可适度洒水。

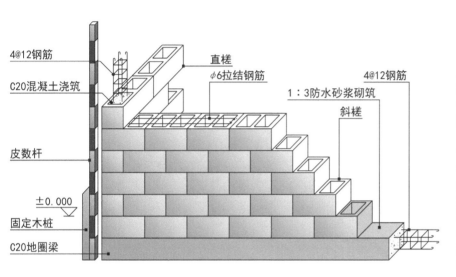

图 3-44　小型混凝土砌块墙构造示意图

←在建筑墙角处设置皮数杆，皮数杆间距为 10m 左右，相对两皮数杆之间要拉水平线，并依线砌筑；且在基础顶面与楼面圈梁顶面砌筑第一皮砌块时，砂浆应满铺，砌筑形式应每皮顺砌，上下皮小砌块应对孔，竖缝应相互交错 50% 的砌块长度。

（2）施工要点　施工时需注意，墙底部宜现浇混凝土地台，高度应不小于 300mm，砖块要适量湿水。砌块墙与混凝土柱的交接处应在水平灰缝内预埋拉结钢筋，厚 200mm 的内墙每层楼应设置三道，每道 2 根 $\phi 6mm$ 的拉结钢筋，在高度上间隔 700～800mm 设置一道；厚 100mm 的内墙每层楼应设置三道拉结筋，每道 1 根 $\phi 6mm$ 的钢筋，在高度上间隔 700～800mm 设置一道。砂浆铺满后应立即放置砌块，并一次摆正找平，灰缝砂浆应饱满，均匀密实，横平竖直。砌体的转角处砌块应相互搭砌错缝，接槎时要先清理基面，浇适度水润湿，然后铺浆接砌，并做到灰缝饱满。芯柱施工时要连续浇灌并分层捣实，砌筑完成后还需做好基本的养护工作（图 3-45）。

3. 建筑构件施工

墙体上设置的建筑构件主要有圈梁、构造柱、过梁等。

（1）圈梁　圈梁主要有钢筋混凝土圈梁与钢筋砖圈梁两种，施工前要对所砌墙体的标高进行复测，有误差时应用细石混凝土进行找平。圈梁模板通常用宽 300mm 的钢模板或木模板，要保证圈梁高度，模板安装完毕后，再在墙体上安装圈梁钢筋骨架，注意圈梁钢筋应交叉绑扎且呈封闭状（图 3-46）。

（2）构造柱　构造柱是主要从垂直方向加强与墙体的连接，施工时应注意，在柱脚、柱顶或与圈梁交接部位，应加密箍筋，构造柱模板必须与墙体贴紧严密，安装牢固，这也能防止因模具膨胀而导致的漏浆（图3-47）。

（3）过梁　过梁主要包括钢筋混凝土过梁和砖砌拱形过梁，前者过梁宽度应与墙体厚度相同或略小些，高度及配筋应符合相关标准图集或设计要求；后者砌砖前要对砖块进行预先摆放，要确定过梁上的砖为单数，且要灰缝大小应一致，过梁需呈上大下小的梯形状（图3-48）。

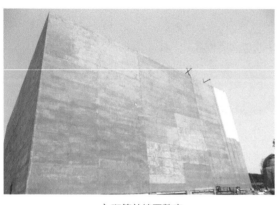

a）砌筑外墙平整度

b）小型混凝土砌块

图3-45　小型混凝土砌块砌筑
↑设计的洞、孔、管道、沟槽、预埋件等应在砌块砌筑时预留、预埋；当砌体内需要预埋暗管、暗线、暗盒时，也可在砂浆达到强度后用专业电动机械开槽、钻孔，但注意不可使砌体松动与开裂。

图3-46　圈梁施工
↑用振捣棒振捣圈梁混凝土时，振捣棒应顺圈梁主筋斜向振捣，不能振动到模板。

图3-47　构造柱施工
↑在设置构造柱的地方，多是先砌砖墙，后浇筑混凝土，注意砌筑墙时应预留马牙槎。

图3-48　过梁施工
↑过梁常与圈梁、悬挑雨篷、窗楣板或遮阳板等相结合，高度应按60mm的整倍数确定。

4.墙面抹灰施工

墙体抹灰是将砂浆用抹子抹到墙面之上，所用的砂浆主要有水泥砂浆或水泥混合砂浆，通常分为底层、中间层、面层3层。底层主要与基层连接，具有找平作用，厚度多为5～10mm；中间层主要起找平作用与承前启后的结合作用，所用材料同底层，厚度为7～8mm；面层则主要起装饰作用，要求表面平整、色泽均匀、无裂纹,厚度约为 5mm(表 3-9、图 3-49)。

表 3-9 墙面抹灰施工

施工类别		施工要点
墙体抹灰		抹灰前要先将墙基层表面的灰尘、污垢、油渍等清除干净,底层与中间层抹灰应采用 1:3 的水泥砂浆,应当先在基面刷一遍界面剂,然后在标筋间抹厚 5~7mm 的薄浆层,接着分层抹中间层;面层抹灰则应采用 1:2.5 的水泥砂浆,抹灰前应对中间层洒水湿润,注意面层抹灰层厚度应控制在 5~7mm 之间
门窗口抹灰	边角抹灰	当抹灰抹到门窗口时,应在门窗口的侧面上固定安放木板尺或钢板尺,注意做好刮平与收光处理
	滴水抹灰	为防止雨水流入门窗内壁,会在民宿建筑外墙门窗口上部做滴水,主要有滴水线与滴水槽两种
	窗台抹灰	抹灰前要将其台面清理干净,抹灰时应先铺一层找底砂浆,用木抹子摊平,待其干至 70% 后,再在其上做罩面层,并用木抹子搓平
	踢脚抹灰	施工时应先清除踢脚线上的灰浆层,再刷一道聚合物水泥砂浆,随之抹中间层灰浆 5mm,表面要刮平搓毛,待中间层抹灰快干时,再用 1:2.5 的水泥砂浆抹罩面灰,要用木抹子压光,上口可用靠尺切割平齐

砖墙
C20 混凝土过梁
抹灰层
滴水线 / 槽
窗户
抹灰层
砖墙

图 3-49 滴水与窗台抹灰示意图
←滴水线是在抹好的上口 20~30mm 处刻画一道与墙面平行的凹槽,再用护角抹子抹 1:2 水泥细砂浆,依靠铝合金抹出半圆形线条;滴水槽是在抹上口底面层灰浆前,在底部的底层上,距边口 20~30mm 处粘贴 10mm 宽铝槽或木条,在此基础上抹面层灰浆,待干至 70% 左右,拆除铝槽或木条,从而形成的凹面防水槽。

3.4.4 楼地面工程要确保承重

楼地面工程是建筑中直接承重的建筑构造,位于首层建筑的底部平面称为地面,位于两层以上建筑的底部平面称为楼面,通常将这两者合称为楼地面(表 3-10、图 3-50~图 3-54)。

表 3-10 楼地面工程施工

施工类别	图示	施工要点
预制钢筋混凝土楼板施工	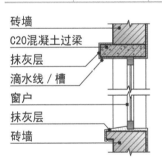	预制钢筋混凝土楼板主要包括实心板、空心板,其中实心板适用于荷载小、跨度小的楼梯平台板及室外管沟盖板等 预制钢筋混凝土楼板应按照复核安装楼板的墙顶尺寸→采用吊装设备将楼板吊至墙顶→逐块安装楼板→在支座上铺垫砂浆→将楼板安放到支座的顺序施工

（续）

施工类别	图示	施工要点
预制钢筋混凝土楼板施工		楼板的支承方式要根据房间的长宽尺寸来确定，横墙较密时，楼板可直接搁置在横墙上，楼板布置还要避免规格类型繁多，且不可将楼板的纵边作为主要承载搁置在墙上
现浇钢筋混凝土楼板施工		现浇钢筋混凝土楼板整体性好、隔声性能好、抗震能力强，主要可分为板式楼板和梁板式楼板，前者适用于跨度较小的房间，如走道、厨房等；后者适用于跨度较大的房间 现浇钢筋混凝土楼板应按照复核墙体尺寸→安装构筑楼板的模板→绑扎钢筋→垫放钢筋保护层垫块→检查梁的轴线与标高→检查无误后浇筑混凝土→7d 养护的顺序施工 板式楼板施工要对墙顶进行找平，梁板式楼板施工则要根据施工图进行配筋；当梁与圈梁相连时，圈梁要放在主梁下方，若无圈梁，则梁的两端应加设梁垫 捣实混凝土时多采用振捣棒或平板振动器，要使混凝土表面达到平整密实的状态，通常浇筑混凝土的厚度为 100mm，当浇筑卫生间地面时，应比正常房间地面低 20mm
楼板面层施工		混凝土面层适用于民宿建筑的首层楼地面，水泥砂浆面层适用于 2 层以上的楼地面 混凝土面层应按照材料选配→基层处理→面层浇筑→面层找平的顺序施工；水泥砂浆面层应按照材料选配→基层处理→面层抹灰的顺序施工 隔声层属于面层施工，通常在楼板与面层之间增设隔声层，多采用矿岩棉、多孔塑料板等制作隔声层
阳台楼板施工		阳台能大幅提升民宿的居住质量，施工内容包括地面与雨篷两部分，主要有搁板式、挑板式、挑梁式 3 种 搁板式是将阳台面板搁置于阳台两侧凸出的墙上，施工方便，但面积不大；挑板式是利用楼板从室内向外延伸，底部平整；挑梁式是从横墙内向外延伸挑梁，梁上搁置预制板，阳台荷载通过挑梁传给纵横墙 阳台栏杆的高度应高于人体的重心，多为 1.2m，扶手多用 ϕ60mm 钢管或不锈钢钢管焊接，各垂直杆件之间的净距离应不大于 120mm

（续）

施工类别	图示	施工要点
阳台楼板施工		为了防止雨水进入室内，阳台地面的设计标高应比室内地面低 20mm，并以 2%的坡度坡向设计排水口 阳台雨篷板悬挑长度应不大于 1200mm，其板面上要做好排水与防水，雨篷施工时还要注意防倾覆，要保证雨篷所在的梁上有足够的压重
现浇钢筋混凝土楼梯施工		现浇钢筋混凝土楼梯主要有梁式楼梯与板式楼梯两种，此类楼梯应按照放样→模具制作→钢筋绑扎→浇筑混凝土→面层抹灰→安装栏杆与扶手的顺序施工 钢筋绑扎时应在楼梯底板上划出主筋与分布筋的位置线，先绑扎主筋，后绑扎分布筋，注意每个交叉点均应绑扎 楼梯段混凝土应自下而上连续浇筑，并随时用抹子抹平踏步表面，注意浇筑完毕后应湿水养护 7d 面层抹灰时需注意楼梯底板的抹灰要平整，楼梯侧面应抹出滴水线，面层抹灰 24h 后要浇水养护 7d 安装栏杆与扶手时，要多次使用水平尺校对，不可产生歪斜现象
楼梯面层施工		台阶多设在建筑的入户大门处，有实铺与架空两种施工方式，注意台阶与主体建筑之间应设 20mm 宽的伸缩缝，并填充沥青 坡道适用于比较缓和的高差流通空间，也可用于户外车辆通行，光滑材料坡道约为 5°，粗糙材料坡道与设置有防滑条的坡道约为 10°，带防滑齿的坡道约为 15°
楼地面防水施工		楼地面防水施工常用于阳台、厨房、卫生间等涉水空间的楼地面，按照基层处理→涂膜施工→蓄水试验的顺序施工 常见防水涂料有聚氨酯防水涂料与聚合物水泥涂料两种，基本都要涂刷两到三遍，第一遍沿横向涂刷，第二遍就沿纵向涂刷，可采用橡胶刮板、毛刷、辊筒施工 墙地面防水涂刷完毕后，还要再将墙角、水管根部修补一遍，且每遍施工结束后，要洒水养护，以避免涂层迅速干燥 蓄水高度为 20mm 左右，蓄水 24h 后，楼下无渗水，则为合格；待地面的饰面层施工完毕后，还应再做一次蓄水试验，以不渗不漏为合格

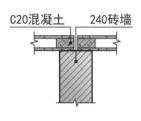  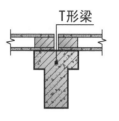 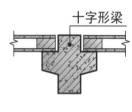

a）砖墙承载　　b）方形梁承载　　c）T形梁承载　　d）十字形梁承载

图3-50　预制钢筋混凝土楼板布置示意图
↑预制钢筋混凝土楼板的承载性能较高，适用于搁置在立柱与横梁上。

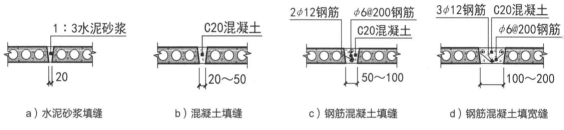

a）水泥砂浆填缝　　b）混凝土填缝　　c）钢筋混凝土填缝　　d）钢筋混凝土填宽缝

图3-51　预制钢筋混凝土楼板板缝处理示意图
↑预制钢筋混凝土楼板的缝隙填补应采用同等配比的混凝土，避免产生缩胀。

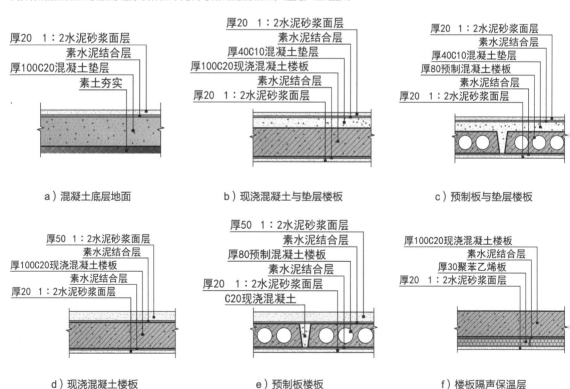

a）混凝土底层地面　　b）现浇混凝土与垫层楼板　　c）预制板与垫层楼板

d）现浇混凝土楼板　　e）预制板楼板　　f）楼板隔声保温层

图3-52　楼板面层构造示意图
↑楼板面层的构造是强化楼板结构的重要组成部分，多采用水泥砂浆抹灰找平，提高楼板的强度，但是不能过厚，以免导致楼板自重过大。

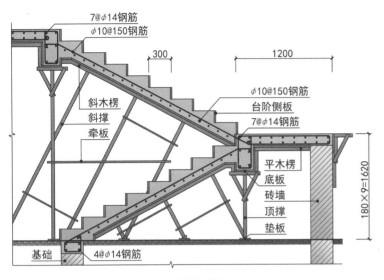

7@φ14钢筋
φ10@150钢筋
300
1200

φ10@150钢筋
台阶侧板
7@φ14钢筋

斜木楞
斜撑
牵板

平木楞
底板
砖墙
顶撑
垫板

180×9=1620

基础
4@φ14钢筋

a）现浇模板搭建

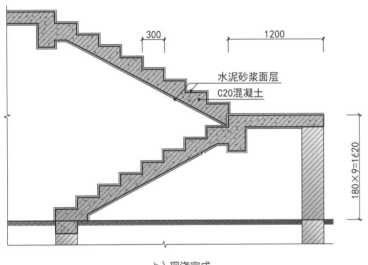

300
1200

水泥砂浆面层
C20混凝土

180×9=1620

b）现浇完成

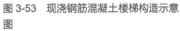

图3-53　现浇钢筋混凝土楼梯构造示意图
←现浇钢筋混凝土构造承载能力较强，能满足多种地质条件下的民宿建筑，但是施工工艺有一定难度。

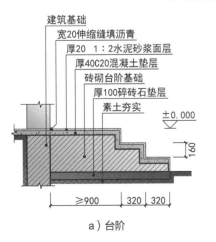

建筑基础
宽20伸缩缝填沥青
厚20　1：2水泥砂浆面层
厚40C20混凝土垫层
砖砌台阶基础
厚100碎砖石垫层
素土夯实
±0.000
160

≥900 320 320

a）台阶

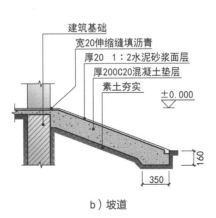

建筑基础
宽20伸缩缝填沥青
厚20　1：2水泥砂浆面层
厚200C20混凝土垫层
素土夯实
±0.000
160

350

b）坡道

图3-54　台阶与坡道构造示意图
←台阶与坡道的构造质量主要取决于基础夯实，表面铺装注重平整度即可。

3.4.5 屋顶工程要注重防水

1. 防水施工

（1）硬质防水施工 硬质防水施工应按照清理屋顶基础结构→制作找平层→在找平层上方铺设其他防水材料→铺设 C20 细石钢筋混凝土→湿水养护 7d 的顺序施工。

（2）软质防水施工 软质防水是指卷材防水，是将防水卷材与胶粘剂结合，而形成的连续致密的屋顶防水层，应按照清理屋顶基础结构→制作找平层→制作结合层与防水层→制作保护层的顺序施工。

2. 屋顶瓦面施工

屋顶铺设瓦片多为一种装饰，常采用彩色混凝土瓦，只铺设在楼梯间、烟囱、女儿墙等局部构造的顶面。屋顶瓦面应按照清理屋顶基层→检查防水层、保温层→安装顺水条、挂瓦条→安装封檐板→挂瓦→安装屋脊瓦片→整体调整的顺序施工（图 3-55 ～图 3-57）。

图 3-55 硬质防水施工
↑硬质防水施工时应在屋顶表面间隔 3 ～ 5m，划出宽 10mm、深 10mm 左右的分格缝，以免防水层开裂，缝内要填补防水密封胶，施工期间还要注意养护，屋顶材料必须自然干燥。

图 3-56 软质防水施工
↑软质防水施工时需注意卷材上下层及相邻卷材的接缝应错开，平行于屋脊的接缝应顺着流水的方向，垂直于屋脊的接缝应顺着风向搭接。

图 3-57 屋顶瓦面施工
←安装顺水条与挂瓦条时要精确测量，最低处的第一排瓦应挑出檐口 50mm 左右，最高处的屋脊则不能留半片瓦；挂瓦前要进行选瓦，不可使用缺棱掉角、裂缝、翘曲的产品；使用水泥砂浆铺贴瓦片时，水泥砂浆应摊铺平整，瓦片放到砂浆表面后，瓦片需向下用力压挤，铺贴完毕还需将瓦片上的砂浆刮掉。注意不可在施工中人为破坏、改变瓦片形状。

3.4.6 不可忽视配套设施工程

配套设施工程是民宿建筑工程的一部分，同时也是完善民宿
居住环境不可或缺的一项工程（表 3-11、图 3-58 ～图 3-65）。

表 3-11 配套设施工程施工

施工类别	图示	施工要点
给水施工		自主取水要经过净化、消毒、储存，净化、消毒储水容器可放置在一层户外或专用储藏间内 给水应按照依据图样放线定位→布置主给水管→布置分支给水管→水压测试→安装各种用水设备的顺序施工 PPR 主给水管应布置在室内用水空间的墙角处，要远离淋浴间等湿区，管道边缘与墙面应保持 80mm 左右间距；如果必须在室外布置管道，则应采取保护措施，如加装 PVC 护套管或缠绕草绳等 用水空间内的分支水管尽量在顶面布置，方便检修，且墙壁上开槽布置分支水管时不可大面积横向开槽，打压测试合格后需使用 1：2 水泥砂浆封闭
排水施工		生活污水排放形式主要为市政管道集中排放、自然沉降排放、回收处理排放 3 种，其中回收处理排放多指沼气池与污水井 排水应按照依据图样放线定位→布置主排水管→布置分支排水管→排水测试→安装各种排水设备的顺序施工 PVC 主排水管应布置在室内用水空间的墙角处，管道边缘与墙面应保持 80mm 左右间距，且由于排水管较粗，在制作楼板、砌筑墙体时应预留好洞口
电路施工		电路施工主要包括强电施工和弱电施工，其中强电用于各种照明、设备；弱电则趋于无线化，如无线网络、卫星电视等 电路应按照搭接线路入户→安装电表→依据图样放线定位→开设线槽→预埋接线开关、插座暗盒→安装空气开关→铺设电线→通电测试→封闭线槽→安装开关、插座面板→安装各种灯具、电器设备的顺序施工 进户线应采用聚乙烯铜芯绝缘导线，入户线导线截面面积多为 6 ～ 8mm²，电流 16 ～ 32A，进户线应先接入电表，再接入空气开关

（续）

施工类别	图示	施工要点
电路施工		导线截面面积为 1.5mm² 铜芯线用于普通照明或 100W 以下的小功率电器；导线截面面积为 4mm² 铜芯线用于热水器、空调、水泵等 500W 以上的大功率电器设备 部分高功率生产设备应单独接入电线，并安装独立电表与空气开关；生产、生活用电应分开；不同规格的电线不能穿入同 1 根 PVC 护套管中；用电终端距离空气开关的连线距离应不大于 35m
沼气池施工		沼气无色，但有味有毒，属于气体燃料。沼气池种类较多，但多数为砖体砌筑，如需建造沼气池，则应结合当地气温、地质条件设计建造 沼气池应按照依据图样放线定位→土方开挖→浇筑沼气池→回填土方→抹灰→安装进料管、现浇混凝土顶盖、导气管等设备→ 7d 养护的顺序施工 建造沼气池要避开多雨季节施工，地下水位较高的地区可提高池身，建成半地下池，注意施工前挖排水沟，尽量将水引走 沼气池均采用地下埋式，浇筑混凝土时要搭建模具，验收时全池内壁应无渗水、裂缝、砂眼、孔隙等缺陷，需经过当地主管部门验收合格才可使用
门窗施工		门窗应按照实地测量→型材加工→在门窗框架上安装玻璃、拉手等配件→使用聚苯乙烯泡沫填充门窗框缝隙→整体调试的顺序施工 安装前应对门窗进行验收，运到现场的门窗材料应按类型、规格堆放整齐，搬运时要轻拿轻放，不能扔摔 门窗框四周外表面需进行防腐处理，涂刷防腐涂料或粘贴塑料薄膜进行保护，避免水泥砂浆腐蚀门窗表面
块材路面施工		块材路面应按照路面基层处理→铺设垫层基础→放样→铺设路面→填补缝隙→养护 7d 的顺序施工 铺砌时砖体应紧贴垫层，不可有虚空，施工时应随时用水平尺校正面层的平整度，且铺砌必须平整稳定、排列整齐，缝隙也应当顺直、均匀

（续）

施工类别	图示	施工要点
混凝土路面施工		混凝土路面应按照路面基层处理→铺设垫层基础→放样→架设混凝土浇筑模具→混凝土浇筑→制作防滑纹→待路面终凝后拆除模板→覆盖草垫→湿水养护 7d→养护结束后切割伸缩缝→伸缩缝内灌入沥青的顺序施工 浇筑混凝土的模板最好采用钢模板，如果模板与路面基层之间存在缝隙，可用小石块填塞，振捣混凝土时振捣器应由边缘向中央移动，不能漏振
路缘石施工		路缘石由侧石与平石组成，侧石承载道路侧向压力，与平石构成路面排水沟；平石能保护路面面层结构 路缘石应按照在道路两侧开挖土方→放线定位→架设模具→混凝土浇筑→表面找平→确定砌筑高度与宽度→砌筑侧石与平石→填补缝隙→回填周边土壤→湿水养护 7d 的顺序施工 侧石与侧石之间、平石与侧石之间的接缝需保持整齐，缝宽 10mm 左右，侧石、平石应拍实，且紧密无松动，外侧填土必须夯实
排水沟施工		排水沟应按照基层夯实→放线定位→混凝土浇筑→表面找平→砌筑砖块→表面找平、抹光→湿水养护 7d 的顺序施工 砌筑之前应根据砖块的高度与灰缝厚度计算皮数，制作皮数杆或将皮数杆设于排水沟的两侧，且砌筑灰缝应保持平直，灰缝宽度约为 10mm

图 3-58　给水管安装
↑ PPR 给水管与热熔焊接施工简单高效，是当今主流工艺，热熔焊接的重点在于选用质量稳定的品牌材料与恒温热熔器。

图 3-59　水压测试
↑ PPR 给水管连接布置完毕后要进行压力测试，将管道水压加至 0.8MPa，保持 48h 无渗漏即为测试合格。

图 3-60　外墙排水管
↑如果预制钢筋混凝土楼板不便于预留洞口，则可将主排水管安装在建筑外墙上，注意室内各排水管汇集后应穿墙连接到主排水管上。

图 3-61　污水井
↑生活污水不能随意排放，所建造的污水井开口面积不宜过大，盖板要严实，盖板上要保留 4 ~ 6 个 φ10mm 的通气孔。

图 3-62　电路施工
↑电路施工时需注意，强电与弱电线路之间要保持不小于 300mm 的间距，更不能穿入同一根 PVC 护套管中，要避免电磁干扰，网线、电视线、电话线、音响线等应采用带有屏蔽层的产品。

图 3-63　块材路面
↑块材路面适用于庭院内、外的人行道，不可用于通行或停放车辆，铺筑完成后，要用中砂掺水泥粉末将砖缝灌满，并在砖面洒水使砂灰下沉，在表面压成凹缝。

图 3-64　路缘石
↑路缘石多设在车行道与人行道之间，单独采用侧石也可设在人行道与种植土之间，它能防止土壤、树根、水分对道路面层结构的破坏，同时也能起到装饰作用。

图 3-65　排水沟
↑排水沟多采用水泥砂浆与砖砌筑而成，砌筑时需注意，砌筑转角处与交接处应同时砌起，如不能同时砌起，则应留置斜槎。

3.5　案例解析：隐于山林间

"隐水民居"位于隐水洞与富水河之间的田园旁，南望富水河畔，北靠隐水洞穴，得天独厚的地理位置与当地特有的鄂东南民居群吸引着众多游客前往。

1. 设计理念

整个民宿在材料选用、风格色彩、空间组织上将鄂东南民居的传统特色与现代风格相结合，形成了适合现代人使用且具有当地特色的"隐水民居"。

民宿南北的朝向也造就了采光充足的室内空间，这也遵循了鄂东南民居的合院形式，能形成比较自然的庭院山水，同时该民宿还结合当地建筑的特征，将坡屋顶进行有序的变形，使其形成起伏变化的类似山岳的形态，从而达到了增强民宿建筑立体感的目的。

2. 设计构思

该民宿的设计符合当地环境、气候与民居特色，且设计能将当地的建筑材料因地制宜地利用起来，环保又经济。通过民宿的经营，还能给当地的居民提供经营与工作的机会，同时也能给游客提供一个亲近自然、了解民俗文化的体验机会，这种游客与村民双赢的模式也利于保存与传播鄂东南区域的传统风貌与传统文化（图 3-66 ~ 图 3-69）。

图 3-66 隐水民居民宿设计鸟瞰图（罗琳皓、朱赟）
↑民宿的设计初衷是为了打造一个富有乡间野趣的民宿，并期望能为游客提供娱乐、居住一体化的高配置空间。完整方案可按照本书前言中所述方式获取。

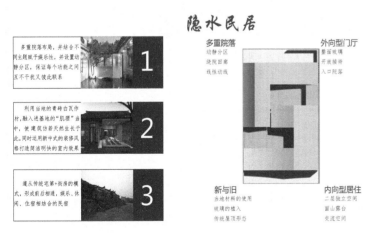

图 3-67 设计理念（罗琳皓、朱赟）
↑民宿高度结合了当地的文化特色，设计有多重院落，且设置有动静分区，趣味性与互动性比较强，新与旧、传统与现代的对比也使得民宿更具有文化内涵，且就地取材，整个民宿仿佛原本就扎根于此，能带给游客归属感。

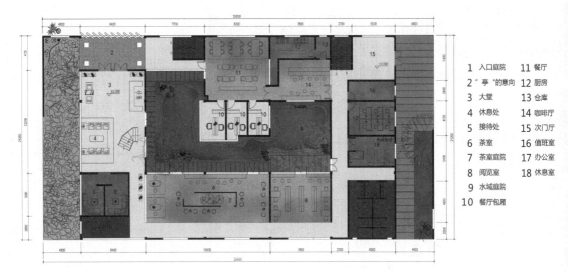

1	入口庭院	11	餐厅
2	″亭″的意向	12	厨房
3	大堂	13	仓库
4	休息处	14	咖啡厅
5	接待处	15	次门厅
6	茶室	16	值班室
7	茶室庭院	17	办公室
8	阅览室	18	休息室
9	水域庭院		
10	餐厅包厢		

图 3-68　一层平面布置图（罗琳皓、朱赟）

↑民宿内部的空间分为上下两个区域，一层都为动态的公共区域，是提供休闲娱乐的空间。

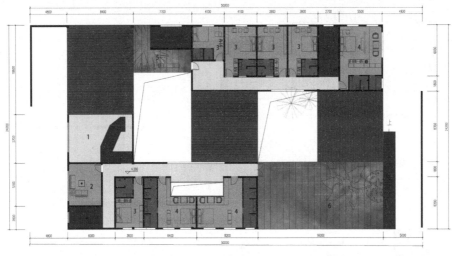

1	大堂上空
2	接待室
3	单人客房
4	套间
5	北边露台
6	室外酒吧

图 3-69　二层平面布置图（罗琳皓、朱赟）

↑二层为静态空间，是为游客提供尽享景色、舒适安逸的空间。

第4章
民宿装修

识读难度：★★★☆☆

重点概念：室内设计、装修材料、施工

章节导读：民宿装修应当具备功能性与观赏性，目的在于营造舒适、优雅的空间。民宿经营者要依据自身经济实力选择不同风格进行装修，要能通过合适的软装丰富室内环境，给予游客视觉上的享受，并能使其放松身心，舒缓心灵。

4.1 民宿装修准备

在正式开始民宿装修前，民宿经营者需要全面考察民宿周边环境与当地装修市场的具体情况，这不仅关乎着民宿装修的质量，同时也有利于及早找出安全隐患。在考察当地装修市场时，一定要重点关注装修材料的采购方式与设计施工人员的状况，这也便于后期施工成本核算，将投资落到实处。

4.1.1 全面考察

1.考察民宿周边环境

民宿周边的环境会影响未来民宿的装修质量与居住品质，民宿经营者要仔细观察周边道路与材料市场的运输是否方便，道路周边是否有停车场，路边是否能停车等，这些会影响装修材料进场、施工效率等问题。

2.考察当地材料市场情况

民宿经营者在考察当地材料市场的情况时，主要关注经营地点、供需关系、价格盈利等要素，通常可在大型连锁超市、材料集散市场、小型街头门店、网店等购买装修材料（图4-1、图4-2）。

图4-1 民宿周边环境
↑民宿装修要考虑车辆运输的便捷性，装修材料品种多，需要多次运输，周边应当有相适应的停车区。

图4-2 材料集散市场
↑装修材料品种丰富，选择材料齐全的市场选购，便于同类比较。

4.1.2 选择合适的装修公司

选择装修公司主要考虑设计师的设计水平与施工团队的技艺水平、材料合作商口碑等因素，还可以聘请第三方监理公司。如果民宿经营者要自主监理装修工程，则必须掌握一套基本的监理方法，主要内容如下。

1.把握监理重点

装修监理首先是流程监理，民宿经营者要明白装修的具体流程，通常为基础工程施工→隐蔽工程施工→铺贴工程施工→木质工程施工→涂饰工程施工→收尾工程施工。

装修监理的重点监理环节在于图样设计、材料进场与各项施工工艺。民宿图样设计要符合制图规范，材料进场时要防止装修材料与在市场中选购的材料不同，要保障工程中期临时购买的辅材的质量。对于比较重要的施工环节，要能明白其施工方法与施工要点，这样才能带来更好的监理效果。

2. 了解监理工具

常用的监理工具包括卷尺、水平尺、铁锤、水桶、游标尺、塞尺、小镜子、小手电筒、记录工具等。民宿经营者在自主监理之前要明白这些工具的用处，并能熟练地使用这些工具来鉴定装修工程的质量。

4.1.3 合理分配资金

装修投资的目的是为了完善民宿整体的入住环境，民宿的内部装修要能与建筑外观相符，这样才能内外合一，才能吸引更多的游客（图4-3）。

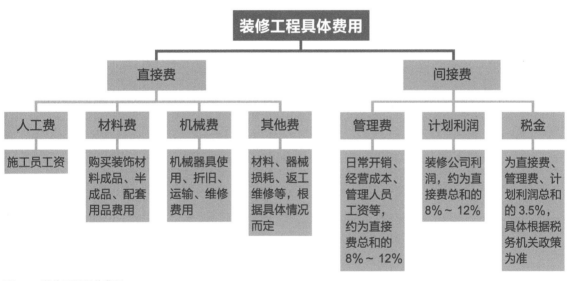

图 4-3　装修工程具体费用

4.1.4 仔细阅读合同内容

在签订装修合同之前，一定要仔细阅读合同内容，确保没有漏项与多余的增项内容，最后的总额也不会过于离谱，通常装修合同中包含有以下内容。

1）工程概况，包括装修工程的施工地点、建筑结构、装修施工内容、承包方式、总价款、工期等。

2）材料供应的约定，包括甲、乙双方提供的关于材料、设备的相关资料。

3）关于工程质量及验收的约定，包括验收时间与验收结果如何确定等。

4）有关安全生产与防火的约定，主要是生产、防火的相关规定。

5）关于工程价款及结算的约定，包括工程款结算方式、结算清单等。

6）其他事项，包括甲、乙双方在开工前应当准备的资料与相关工作。

7）违约责任，主要指装修过程中的违约事项，甲、乙双方应负怎样的责任。

8）纠纷处理方式，主要指因工程质量导致甲、乙双方出现矛盾时的处理方式。

9）合同的变更与解除。

10）附则。

11）其他约定。

12）合同附件。

装修合同中的具体表格参考如下（表4-1～表4-3）。

表4-1 装饰施工内容表

甲方：×××　　　　　　　乙方：×××		
序号	分项工程	施工说明
一	地面部位	
二	墙面部位	
三	顶棚部位	
四	门窗部位	
五	……	
六		其他要求

甲方代表：　　　　　　　　　　　乙方代表：

年　月　日

表4-2 甲方提供材料、设备表

甲方：×××　　　　　　　乙方：×××							
序号	材料或设备名称、品牌	规格型号	质量等级	单位	数量	供应时间	送达地点	备注
一								

（续）

序号	材料或设备名称、品牌	规格型号	质量等级	单位	数量	供应时间	送达地点	备注
二								
三								
	......							

甲方代表：　　　　　　　　　　　　　　乙方代表：

年　月　日

表 4-3　工程结算单

甲方：×××　　　　　　　　　　乙方：×××			
序号	项目	金额	备注
一	工程合同总价		
二	变更增加项目		
三	变更减少项目		
四	工程结算总额		
五	甲方已付金额		
六	甲方结算已付金额		

甲方代表：　　　　　　　　　　　　　　乙方代表：

年　月　日

4.2　装修创意设计

　　设计是装修的前奏，民宿装修设计具备较强的自主性。在设计之前，应当将设计需求完全地告知设计师，这样设计师才能更好利用专业知识，塑造出富有创意的室内环境。

4.2.1　选好设计风格

　　每一种装饰风格都有自己的特色（表 4-4），民宿经营者应当依据民宿设计定位选择合适的设计风格。当前流行的装修风格具有以下特点：

1. 简约实用

　　装饰风格整体上趋向于简洁实用，注重功能性，家具及主体墙面的装饰构造多以直线或曲线形态的几何形为主。

2. 可持续性更新

装饰风格在未来要具备可变形, 室内的装饰造型也要能随时更新。

3. 清新环保自然

取材于自然, 设计要保证室内空气流通的畅通性, 整体室内的氛围要能加强人与自然之间的联系。

4. 具有高科技含量

现代装修应该适合信息化时代的发展, 家具、地板、吊顶、墙面材料等应该与时尚接轨, 应采用正在流行或目前出现的新产品、新工艺来满足新时代的生活方式。

表 4-4　民宿装修风格分类

设计风格		图示	风格特点
中式风格	传统中式风格		多采用具有古典元素造型的家具, 这种风格空间色彩沉着、稳重, 但色调会略显沉闷, 可适当配置一些色彩活跃、质地柔顺的布艺装饰品于装修构件与家具上, 能给人一种清新明快的感觉
	现代中式风格		室内装饰多采用简洁、硬朗的直线条, 饰品摆放比较自由, 空间中的主体装饰物以中国画、宫灯与紫砂陶等传统饰物为主, 兼具古典与现代气息
日式风格			造型元素简约、自然, 色彩平和, 风格朴素、柔和, 以米黄色、白色等浅色为主, 多以木、竹、树皮、草、泥土、石等材料作为主要装饰, 取材自然, 且多利用檐、龛、回廊等结构形式
东南亚风格			取材自然, 常选用木材、藤、竹等为室内装饰, 多采用橡木、柚木、杉木等制作家具, 色泽以原藤、原木的色调为主, 旨在营造一个闲情逸致的居住环境

（续）

设计风格		图示	风格特点
西方传统风格	欧式古典风格		设计强调以华丽的装饰、浓烈的色彩、精美的造型来达到雍容华贵的装饰效果，门窗上半部多做成圆弧形，室内有真正的壁炉或装饰壁炉造型，整体氛围浪漫而又奢华
	地中海风格		色彩自然、柔和，以白色、蓝色为主，室内多拱门与半拱门及马蹄状的门窗，家具则多为低纯度、线条简单且修边浑圆的木质家具，设计强调营造一个浪漫的室内氛围
	田园风格		设计多采用天然木、石、土、绿色植物进行穿插搭配，设计效果清新淡雅、舒畅悠闲，家具材质多使用松木、橡木，制作工艺精湛，整体设计能很好地表达出人们对田园生活的向往
	美式乡村风格		设计在古典中带有一点随性，旨在营造一个简洁明快，又温暖舒适的空间。该风格空间中经常会运用到摇椅、小碎花布、野花盆栽、小麦草、水果、瓷盘、铁艺制品等元素
现代风格	现代简约风格		设计讲究简洁与实用，强调用最简洁的手段来划分空间，色彩多为清新、明快的色调，整体设计给人一种自由感，装饰要素则为金属灯罩、玻璃灯、高纯度色彩、线条简洁的家具等
	混搭风格		室内装修及陈设既注重实用性，又充分吸收了中西方的传统元素，室内各元素搭配协调，能给人视觉上的享受

4.2.2 合理规划空间

通常可将民宿内部空间分为公共空间、交通空间与私密空间。公共空间是指民宿工作人员与入住客户共同使用的空间；交通空间指连通民宿内、外或民宿内部不同功能分区的空间；私密空间封闭性较强，包括客房空间与民宿工作人员的居住空间等区域。民宿有着不同的功能分区，民宿经营者可依据民宿建筑面积的不同设置不同类别的功能分区，通常包括前台、待客区、餐厅、厨房、客房、职员休息区、卫生间、阳台、庭院、体验区等（图4-4 ～图4-6）。

| a）影音室 | b）游乐室 |

图4-4 民宿公共空间（三道茶民宿）

↑影音室与游乐室是现代民宿中的重要组成部分，是提升民宿入住体验的功能空间，空间应当宽阔，室内功能要齐全。

| a）入口道路 | b）楼梯 |

图4-5 民宿交通空间（求石民宿）

↑民宿外部道路宽度为2.2m左右，内部楼梯宽度为1.1m左右，保持通直形式，方便在行进中观察交通状况。

| a）儿童房 | b）卧室 |

图4-6 民宿居住空间（三道茶民宿）

↑对居住空间中房间类型进行划分，细分为多种类型卧室，满足不同游客需要。

4.2.3 家具设计尺寸合理

家具设计是民宿装修的主要内容，所设计的家具尺寸要合理，要符合模数要求，这样才能更好地达到节约材料，提高效率的目的。

1. 家具种类

家具通常从构造上可分为板式家具与框架家具两种。

（1）板式家具 板式家具多使用中密度纤维板、刨花板、胶合板等人造板材，经过车床裁切，再使用铰链、螺栓等金属连接件组装而成，可作二次拆卸运输，使用方便（图4-7）。

（2）框架家具 框架家具多采用木质、金属杆件作为主要支撑构造，表面再围合装饰屏障，结构牢固，工艺复杂，多用于体量较大或具备承重功能的家具（图4-8）。

图 4-7 板式家具（幸福里民宿）
↑板式家具可以作拆装运输，更适合偏远区域的民宿，优质的板式家具不应有刺鼻的气味，购置后要放置在通风处搁置3个月以上才能使用。

图 4-8 框架家具
↑现代框架家具大多与板式家具混用，即主体构造为框架支撑，辅助部位仍采用板材支撑、围合。

2. 家具设计要点

民宿内部的家具要能与民宿内部的环境相辅相成，且能相互衬托。

（1）向设计师提供完善的设计资料 这包括向设计师提供不同功能分区的效果图；设计想要的木纹色彩、壁纸图案、家具款式、软装饰品、灯具、洁具等的参考照片；指定用材、设计定位、设计细节要求等相关文字信息。

（2）注意设计模数的正确性 家具设计与制作要降低成本、提高效率，就要注意设计模数，设计模数指在设计中选定的标准尺寸单位。在家具设计中，基本模数的数值规定为100mm，以 M 表示，即 1M 代表 100mm，扩大模数的基数通常为 3M、6M、12M、15M、30M 等，也可采用 1/2M、1/5M。

（3）丰富家具配件 要选择具有特色且能与民宿内部整体

风格相搭配的家具配件，这样整体风格才能一致，但要注意搭配的美观性，不可随意搭配。

3. 家具参考图样

家具参考图样能为设计家具提供灵感，以下所展示的家具参考图样适用于木质人造板制作的家具（图4-9）。

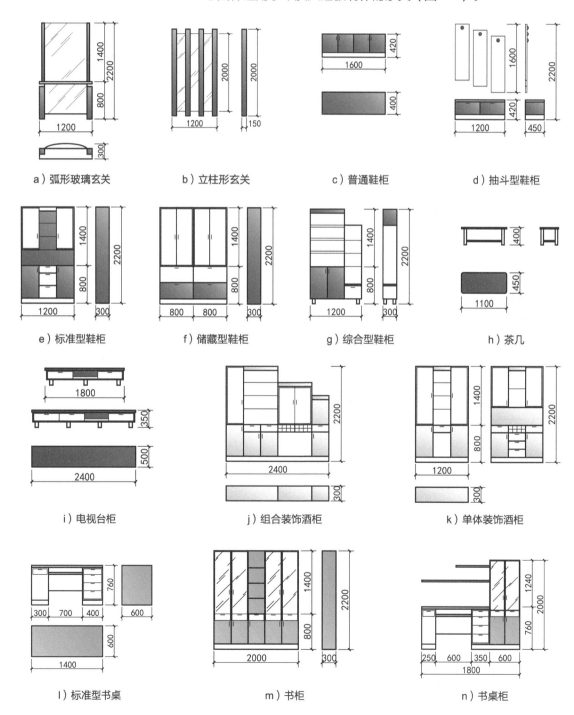

a）弧形玻璃玄关　　b）立柱形玄关　　c）普通鞋柜　　d）抽斗型鞋柜

e）标准型鞋柜　　f）储藏型鞋柜　　g）综合型鞋柜　　h）茶几

i）电视台柜　　j）组合装饰酒柜　　k）单体装饰酒柜

l）标准型书桌　　m）书柜　　n）书桌柜

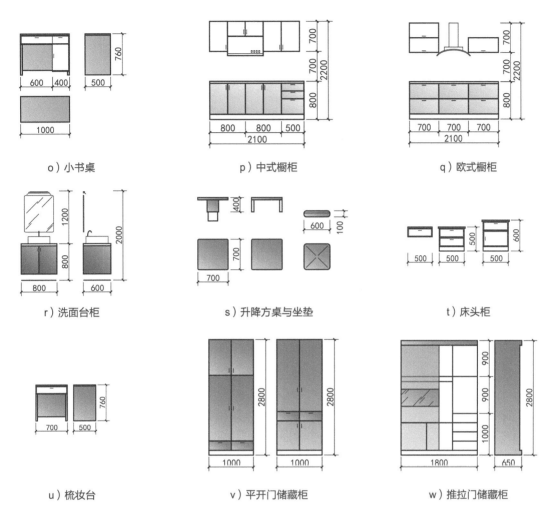

o) 小书桌　　　　　　　　　p) 中式橱柜　　　　　　　　　q) 欧式橱柜

r) 洗面台柜　　　　　　　s) 升降方桌与坐垫　　　　　　　t) 床头柜

u) 梳妆台　　　　　　　v) 平开门储藏柜　　　　　　　w) 推拉门储藏柜

图 4-9　家具参考图样

↑民宿家具除了沙发、床等被软装覆盖的家具以外，大多都不直接采购，而是需要现场制作，以表现出与众不同的视觉审美效果。大多数民宿设计为表现出对大自然的向往，多会采用当地开采的原木进行加工，参考本图尺寸能快速设计制作出符合使用功能的家具。

4.2.4　注重色彩搭配

　　民宿装修的色彩与装饰材料、陈设饰品有关，主要表现在木质贴面板、壁纸、地板、油漆涂料等材料上。

　　确定色彩风格可采取先确定深浅，再确定冷暖的方式，通常冷色调主要表现出宁静、神秘的氛围，可选用偏蓝色、偏紫色的材料；暖色调主要表现出热情、洋溢的氛围，可选用偏红色、偏黄色的材料。

1. 常用的色彩

　　通常民宿餐厅中不建议使用冷蓝色，空间中的黑白色调比例应当有所差异，且注意不可过多地使用紫色、粉红色与金色，这些色彩适用于作点缀装饰，红色也不可作为民宿空间中的主色调，

→白色调属于高雅的中性色，可通过白色乳胶漆、硝基漆等材料来表现。

大面积的纯红色，会让人产生不适感（图 4-10）。

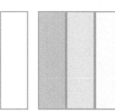

白色　　粉红色 浅蓝色 米黄色　咖啡色 棕色 褐色　　红色 橙色 黄色　　金色 银色 铜色

↑粉红色、浅蓝色、米黄色是营造温馨氛围的典型色彩，主要通过调色乳胶漆、壁纸来表现。

↑咖啡色、棕色、褐色是传统、典雅色调的代表，主要通过胡桃木、樱桃木、沙比利等的木质饰面板来表现。

↑红色、橙色、黄色是轻快、亮丽色调的代表，主要通过饰品、壁纸、地毯等来表现。

↑金色、银色、铜色是高贵、华丽色调的代表，多通过壁纸、乳胶漆来表现。

图 4-10　常用的色彩

2. 色彩搭配的黄金定律

色彩搭配的黄金定律指的是 5：3：2 的搭配比。在视觉效应中占主导位置的主色彩，应占据 50% 的视觉面积，位置分布应比较集中，色彩倾向于平和，中性色较好；辅助色彩应占据 30% 的视觉面积，可呈不规则分布，适当有些肌理、纹样或图案最佳，它应是主色彩的近似色；对比色应占据 20% 的视觉面积，选用光亮的色泽与质地，以不锈钢、玻璃、陶瓷材料居多，且分散在房间的各个界面上，能起到反衬、点睛的作用。

3. 万用色彩搭配模式

每个空间中的配色不可超过 3 种，但是黑色、白色、灰色、金色、银色可不计入，它们可与任何颜色相陪衬。墙面宜选用明快的、低纯度、高明度的中性色。地面用色应区别于墙面用色，可采用同种色相，但地面用色应更深。顶面用色可直接选用白色或接近白色的中性色；家具及配件用色的明度、纯度应与墙面用色形成对比，但不宜过强。

4.3　装修材料选用

装饰材料是装修的根本，不同的材料有不同的特征，不同的装修部位应选用不同品质的材料。选购材料时要认真比较主材与各配件材料之间的搭配是否适宜，要从装修的整体性来考虑材料的选用。

4.3.1　历史悠久的装饰石材

装修中常用的石材有花岗石、大理石、人造石等，天然石材的历史很悠久，表面处理后可以获得优良的装饰性，对台柜、地面能起保护与装饰作用（表 4-5）。

表 4-5 装饰石材分类

类别	图示	材料特点
花岗石		花岗石密度大，抗压强度高，孔隙小，吸水率低，市面上的花岗石表面通常呈灰色、黄色或深红色，表面呈颗粒状 花岗石属于较高档的装饰材料，表面通常被加工成剁斧板、机刨板、粗磨板、火烧板、磨光板等 这种石材适用于外挑窗台台面与阳台花园的局部铺设，不适合在室内使用 市面上的花岗石宽度为 600 ~ 650mm，长度为 2 ~ 2.5m，价格多为 100 ~ 300 元 /m^2
大理石		大理石质地细密，抗压性较强，吸水率小，比较耐磨、耐弱酸碱，且不易变形，与花岗石一样，不适合在室内使用 大理石能呈现红色、黄色、黑色、绿色、棕色等斑纹，色泽肌理的装饰性极佳 优质大理石的质地细腻，敲击声清脆、悦耳；劣质大理石的颗粒很粗，外观效果单一，纹理不生动，敲击声粗哑、沉闷 正宗大理石价格多为 200 ~ 600 元 /m^2，染色大理石价格多在 200 元 /m^2 以下
人造石		民宿装修多使用聚酯型人造石，这类石材价格低廉，重量轻，吸水率低，抗压强度较高，抗污染性能优于天然石材，耐久性与抗老化性也较好，且具有良好的可加工性 聚酯型人造石多用于厨房台柜面，宽度在 650mm 以内，优质石材颜色纯净不混浊，色差较小，材质颗粒细腻，且不会轻易产生划痕，市场价格为 500 ~ 800 元 /m^2

4.3.2 花色多样的陶瓷墙地砖

陶瓷墙地砖是民宿装修中不可缺少的材料，厨房、卫生间、阳台等空间都会运用到这种材料，随着装饰技术的进步，陶瓷墙地砖的生产也会更加的科学化与现代化（表 4-6）。

表 4-6　陶瓷墙地砖分类

类别	图示	材料特点
釉面砖		釉面砖又称为陶瓷砖、瓷片或釉面陶土砖，可分为彩色釉面砖和印花釉面砖 陶土烧制的釉面砖吸水率较高，质量较轻，强度较低，背面为红色；瓷土烧制的釉面砖吸水率较低，质量较重，强度较高，背面为灰白色 用于墙地面铺设的是瓷制釉面砖，质地紧密，美观耐用，易于保洁，孔隙率小，膨胀不显著 釉面砖用于厨房、卫生间、阳台等室内外墙面、地面，具有易清洁、美观耐用、耐酸耐碱等特点 优质釉面砖砖体平整度一致，对角处嵌接整齐，图案纹理细腻，敲击声清亮响脆，强度好，反之为次品
通体砖		砖体两面材质与色泽一致，但正面有压印的花色纹理，表面具有一定的吸水功能，耐磨性较好 通体砖成本低廉，色彩多样，多为单色装饰效果，适用于外墙装饰 通体砖的常见规格有 150mm×300mm×6mm、300mm×600mm×8mm 等，一般价格为 50 ~ 80 元 /m²
抛光砖		抛光砖外观光洁，质地坚硬耐磨，但在使用中易受污染 抛光砖的规格通常为 600mm×600mm×8mm、800mm×800mm×10mm 等，一般价格为 40 ~ 80 元 /m²
玻化砖		玻化砖又称为全瓷砖，强度较高，具有高光度、高硬度、高耐磨、吸水率低、色差少等优点 玻化砖主要可铺贴在墙地面上，能起到隔声、隔热的作用，其色彩、图案、光泽等都可人为控制 玻化砖的规格通常为 600mm×600mm×8mm、800mm×800mm×10mm、1000mm×1000mm×10mm，一般价格为 80 ~ 120 元 /m²

（续）

类别	图示	材料特点
仿古砖		仿古砖具有较好的防水、防滑、耐腐蚀等特性，给人一种古朴、典雅的感觉 仿古砖可通过不同的样式、颜色、图案等，来营造出一种怀旧的氛围 仿古砖的规格通常有 300mm×300mm×6mm、600mm×600mm×8mm、300mm×600mm×8mm 等，中档价格为 60 ~ 80 元 /m²

4.3.3　品种丰富的装饰板材

装饰板材是装饰装修中使用频率最高的型材，同一种产品多家厂商均有生产，并派生出各种商品名，其特性与使用方法也会存在很大的区别，选购时一定要注意区分（表 4-7）。

表 4-7　装饰板材分类

类别	图示	材料特点
指接板		指接板是将原木切割成长短不一的条状后拼合，再经过压制而成的成品型材，常用松木、杉木、桦木、杨木等树种制作 指接板抗弯压强度平均，质地密实，木质不软不硬，握钉力强，不易变形 该类板材可制作外部贴面，也可制作各种家具、隔墙、门窗套及装饰饰面基层骨架等，注意单层指接板不可用于柜门制作 指接板成品规格为 2440mm×1220mm，单层厚度为 15mm，三层厚度为 18mm，E1 级产品价格多为 100 ~ 130 元 / 张
细木工板		细木工板是由两片单板中间胶压拼接木板而成，可用于家具、构造制作 细木工板的材种很多，以杨木、桦木为最好，这类材种质地密实，木质不软不硬，握钉力强，不易变形 优质细木工板的板芯质地密实，无明显缝及腐朽变质，板材周围也没有补胶、补腻子的现象

（续）

类别	图示	材料特点
细木工板		细木工板的成品规格为 2440mm×1220mm，厚度有 15mm 与 18mm 两种，E1 级产品价格为 120 ~ 150 元 / 张
胶合板		胶合板又称为夹板，是将原木蒸煮软化后，经过裁切、干燥、加热胶压后而制成的一种人造板材 在装修中，胶合板常用于木质制品背板和底板的制作，也可用于制作隔墙、弧形顶棚、装饰门面板与墙裙等构造 胶合板外观平整美观，幅面大，收缩性小，可弯曲，易加工，优质品不应有结疤、补片、腐朽、变质、裂缝等 胶合板规格为 2440mm×1220mm，厚度有 3 ~ 22mm 多种，9mm 厚胶合板价格为 50 ~ 60 元 / 张
薄木贴面板		薄木贴面板主要通过热压而成，可用作室内装修或家具制造面材 薄木贴面板花纹美丽、种类繁多、装饰性好、立体感强，可用于装修中家具及木制构件的外饰面 优质薄木贴面板具有清爽、华丽的美感，色泽均匀、清晰，材质细致，纹路美观 劣质薄木贴面板表面有污点、毛刺、沟痕、刨刀痕，部分局部还会呈现发黄、发黑的状态 薄木贴面板的常用规格为 2440mm×1220mm×3mm，天然板价格 ≥ 60 元 / 张，科技板的价格为 30 ~ 40 元 / 张
纤维板		纤维板又称为密度板，是经过打碎、纤维分离、干燥后施加胶粘剂，再经过热压后制成的一种人造板材 纤维板可分为木质纤维板与非木质纤维板，这种板材构造致密，隔声、隔热、绝缘与抗弯曲性较好 中密度纤维板使用频率最高，适用于家具制作；中、硬质纤维板可用作衣柜隔板或抽屉壁板 纤维板表面经压印、贴塑等处理后，可广泛应用于家具贴面、门窗饰面、墙顶面装饰等处 优质纤维板表面平整，厚度、密度应均匀，边角没有破损，没有分层、鼓包、碳化等现象

（续）

类别	图示	材料特点
纤维板		规格为 2440mm×1220mm，15mm 厚的纤维板价格为 80 ～ 120 元 / 张
刨花板		刨花板又称为微粒板、蔗渣板，是在热力与压力作用下胶合而成的人造板，可制作不同规格、样式的家具，但要注意做好封边处理 刨花板结构均匀，加工性能、吸声与隔声性能好，但边缘粗糙、容易受潮 刨花板可分为未饰面刨花板与饰面刨花板，优质品的板芯与饰面层的贴合应该特别紧密，且表面平整，无木纤维毛刺 规格为 2440mm×1220mm，厚 19mm 的覆塑刨花板价格为 80 ～ 120 元 / 张
实木地板		实木地板是采用天然木材，经加工处理后制成条板或块状的地面铺设材料，适用于客房、书房等室内地面的铺设 实木地板自重轻、弹性好、不变形、不开裂、构造简单、施工方便 优质品表面无死节、活节、丌裂、腐朽、菌变等缺陷，且漆膜光洁，无气泡、漏漆现象 常见的实木地板规格为宽度 90 ～ 120mm，长度 450 ～ 900mm，厚度 12 ～ 25mm，中档价格为 300 ～ 600 元 /m²
实木复合地板		实木复合地板是采用木材中的优质部分与其他装饰性强的材料作表层，材质较差的竹、木材料作中层或底层，经高温、高压制成的多层结构地板 高档实木复合地板耐磨性能好，中档价格为 200 ～ 400 元 /m²
强化复合木地板		强化复合木地板由多层不同材料复合而成，层级从上至下依次为强化耐磨层、着色印刷层、高密度板层、防震缓冲层、防潮树脂层 强化复合木地板表面耐磨度为实木地板的 10 ～ 30 倍，具有良好的耐污染，腐蚀，抗紫外线光、耐灼烧等性能，尺寸稳定性也较好

（续）

类别	图示	材料特点
强化复合木地板		优质品拼装后整齐、严密，打磨后无褪色、无磨花，也无刺激性气味 常见强化复合木地板规格的长度为 900 ～ 1500mm，宽度为 180 ～ 350mm，厚度 6 ～ 15mm，中档价格为 80 ～ 120 元 /m²
竹地板		竹地板是竹子经处理后制成的地板，组织结构细密，材质坚硬，弹性较好，脚感舒适，尺寸稳定性高，不易变形、开裂，耐磨性好，装饰性比较特殊 竹材的竹龄需达 3 ～ 4 年以上，材料的利用率低，产品价格较高，中档价格为 150 ～ 300 元 /m²
防火板		防火板又称为耐火板，由表层纸、色纸、基纸（多层牛皮纸）等构成，表面图案、花色丰富多彩，可用作厨房橱柜的柜门贴面装饰 防火板具有防水、耐磨、耐热、表面硬、易脆、表面不易被污染、不易褪色、容易保养与不产生静电等优点 防火板优质品表面应平整光滑、耐磨，且图案清晰、效果逼真、立体感强、没有色差 规格为 2440mm×1220mm，厚度为 0.6 ～ 1.2mm，厚 0.8mm 的产品价格为 20 ～ 30 元 / 张
铝塑板		铝塑板是采用高纯度铝片与聚乙烯树脂，经过高温高压一次性构成的复合装饰板材 铝塑板的色彩艳丽丰富，长期使用不褪色，可用于铺贴面积较大的家具和构造表面 优质品表面完全平整，边角锐利整齐，且没有任何弯曲、变形 规格为 2440mm×1220mm 的铝塑板可分为单面与双面两种，前者厚度为 3mm、4mm，价格为 40 ～ 50 元 / 张，后者厚度为 5mm、6mm、8mm 室外用铝塑复合板的厚度为 4 ～ 6mm，夹层厚度为 3 ～ 5mm，价格为 80 ～ 120 元 / 张

（续）

类别	图示	材料特点
阳光板		阳光板是采用聚碳酸酯（PC）制作的一种新型室内外顶棚材料，有白色、绿色、蓝色、棕色等，可用于制作室内透光吊顶、室外阳台顶棚、露台搭建花房、阳光屋等 阳光板的透光率高，多呈透明或半透明状，传热系数低，隔热性好，质轻，安全、方便 阳光板的规格多为 2440mm×1220mm，厚度为 4 ~ 6mm，价格为 60 ~ 100 元 / 张
有机玻璃板		有机玻璃板又称为亚克力，机械强度较高，可广泛地用作装修中门窗玻璃的代用品 有机玻璃板有一定耐热耐寒性，耐腐蚀，绝缘性能良好，尺寸稳定，易于成型，但质地较脆，硬度不够 成品规格为 2440mm×1220mm，厚度为 2 ~ 20mm，厚 5mm 的有机玻璃板常用于墙、顶面的发光灯箱，价格为 30 ~ 40 元 / 张
纸面石膏板		纸面石膏板是以半水石膏与护面纸为主要原料，经料浆配制、成型、切割、烘干而制成的轻质薄板，主要用于吊顶、隔墙等构造制作 纸面石膏板有防火与防水两种，优质品表面平整光滑，无气孔、污痕、裂纹、缺角、色彩不均匀、图案不完整等现象，且侧面质地密实，板材的护面纸与石膏芯黏结良好 纸面石膏板规格为 2440mm×1220mm，厚度有 9mm 与 12mm，其中厚 9mm 的产品价格为 20 元 / 张
木丝水泥板		木丝水泥板又称为纤维水泥板，是以水泥、草木纤维与胶粘剂混合，高压制成的多用途产品 木丝水泥板密度轻、强度大、防火性能与隔声效果好，板面平整度好，可用于钢结构外包装饰、墙面装饰、地面铺设等处 规格为 2440mm×1220mm，厚度为 6 ~ 30mm，特殊规格可以预制加工，厚 10mm 的产品价格为 100 元 / 张左右

（续）

类别	图示	材料特点
塑料吊顶扣板		塑料吊顶扣板是以聚氯乙烯树脂为基料，加入增塑剂、稳定剂、染色剂后经过挤压而成的板材 塑料吊顶扣板重量轻、安装简便，耐污染、易清洗，但使用寿命相对较短 优质品板面平整光滑，无裂纹，拆装自如，表面有光泽而无划痕，用手敲击板面声音清脆 条形扣板宽度为 200 ~ 450mm，长度有 3m 与 6m 两种，厚度为 1.2 ~ 4mm，价格为 15 ~ 40 元 /m²
金属吊顶扣板		金属吊顶扣板耐久性强，不易变形、开裂，表面光洁艳丽，色彩丰富 优质品韧性强，且不易变形，不会轻易出现色差 金属吊顶扣板外观形态以长条状与方块状为主，方块型材规格为 300mm×300mm，中档价格为 80 ~ 120 元 /m²

4.3.4　施工便捷的壁纸织物

壁纸织物材料是重要的软装材料，选用时要注意防水防潮（表 4-8）。

表 4-8　壁纸织物分类

类别	图示	材料特点
壁纸		壁纸花色品种丰富，运用较多的是塑料壁纸，这类壁纸图案变化多，有一定的抗拉强度，耐湿，有伸缩性、韧性、耐磨性、耐酸碱性，吸声隔热，美观大方，施工方便 壁纸窄幅小卷的宽 530 ~ 600mm，长 10 ~ 12m，每卷可铺贴 5 ~ 6m²；中幅中卷的宽 760 ~ 900mm，长 25 ~ 50m，每卷可铺贴 20 ~ 45m²；宽幅大卷的宽 920 ~ 1200mm，长 50m，每卷可铺贴 40 ~ 50m² 优质品用力拉扯时不变形，不断裂，一般价格为 60 ~ 100 元 /m²

（续）

类别	图示	材料特点
纯毛地毯		纯毛地毯毛质细密，具有天然的弹性，不带静电，不易吸尘土，但抗潮湿性较差，易发霉虫蛀 价格较高，一张 1.8m×2.5m 的产品价格多在 2000 元以上，使用时室内要保持通风干燥
化纤地毯		化纤地毯由面层、防松涂层与背衬 3 部分组成，包括尼龙、锦纶、腈纶、丙纶与涤纶地毯 化纤地毯手感粗糙，质地硬，价格低，可用在书房的书桌、转椅下，也可用于走廊，可裁切销售，平均价格为 20 元 /m²
混纺地毯		混纺地毯耐磨性能好，具有保温、耐磨、抗虫蛀等优点，弹性、脚感也较好，价格适中 混纺地毯可大面积铺设，一张 1.8m×2.5m 的混纺地毯价格多为 500～1000 元

4.3.5 质地斑斓的装饰玻璃

装饰玻璃是以石英、纯碱、长石、石灰石等物质为主要材料，在 1600℃左右的高温下熔融成型，经急冷制成的固体材料，目前主要向着装饰、隔热、保湿等多功能方向发展（表 4-9）。

表 4-9 装饰玻璃分类

类别	图示	材料特点
平板玻璃	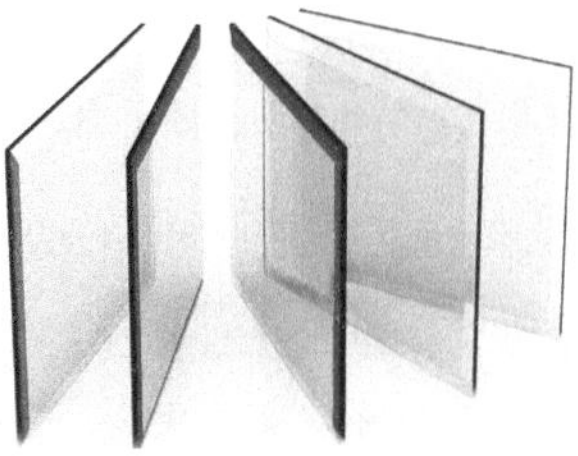	平板玻璃又称为白片玻璃或净片玻璃，主要用于装饰品陈列、家具构造、门窗等部位，能起到透光、挡风与保温的作用 优质品无色，且具有较好的透明度，表面光滑平整，无缺陷 平板玻璃规格在 1000mm×1200mm 以上，厚 5mm 的价格为 30 元 /m²

（续）

类别	图示	材料特点
钢化玻璃		钢化玻璃又称为安全玻璃，强度高，抗弯曲强度、耐冲击强度都较高，遇到超强冲击破坏时，碎片会呈分散细小颗粒状，无尖锐棱角 钢化玻璃厚度一般为 6 ~ 12mm，价格是同等规格普通平板玻璃的 2 倍左右
磨砂玻璃		磨砂玻璃又称毛玻璃，表面朦胧、雅致，具有透光不透形的特点，能使室内光线柔和且不刺眼 磨砂玻璃主要用作装饰灯罩、玻璃屏风、推拉门、柜门、卫生间门窗等，通常厚 5mm 的双面磨砂玻璃价格为 35 元 /m²，单面磨砂玻璃价格为 40 元 /m²
压花玻璃		压花玻璃又称为花纹玻璃或滚花玻璃，表面压有各种图案花纹，装饰性较好，且透光不透形，能很好地保护隐私 压花玻璃厚度只有 3mm 与 5mm 两种，以 5mm 为主要规格，可用于玻璃柜门、卫生间门窗等部位，价格为 35 ~ 60 元 /m²
雕花玻璃		雕花玻璃又称为雕刻玻璃，分为人工雕刻与计算机雕刻，雕花图案透光不透形，有立体感，层次分明，常用厚度为 3mm、5mm、6mm，尺寸与价格根据花形与加工工艺来定
夹层玻璃		夹层玻璃属于安全玻璃，安全性、防护性与抗冲击强度好，且耐光、耐热、隔声，多用于室外门窗、幕墙，常见的品种有隔声夹层玻璃、防紫外线夹层玻璃、遮阳夹层玻璃、电热夹层玻璃、金属丝夹层玻璃等 夹层玻璃的厚度根据品种不同，厚度为 8 ~ 25mm，规格为 800mm×1000mm、850mm×1800mm
中空玻璃		中空玻璃具有良好的保温、隔热、隔声等性能，主要用于公共空间与需要采暖、空调、防噪、防露的民宿

（续）

类别	图示	材料特点
彩釉玻璃		彩釉玻璃的功能性与装饰性较好，采用的玻璃基板一般为平板玻璃与压花玻璃，厚度为 5mm，可用于装饰背景墙或家具构造局部的点缀 釉面不脱落，色泽、光彩能保持常新，抗真菌、霉变、紫外线，能耐酸、耐碱、耐热，价格为 80 元 /m²
玻璃砖		玻璃砖又称为特厚玻璃，可分为空心砖与实心砖，空心玻璃砖不仅可用于砌筑透光性较强的墙壁、隔断、淋浴间等，还可应用于外墙或室内间隔砌筑 优质品外观不能有裂纹，坯体中不能有未熔物，表面无翘曲、缺口、毛刺等，边长规格为 190mm，厚度为 80mm，价格为 12 ~ 20 元 / 块
玻璃锦砖	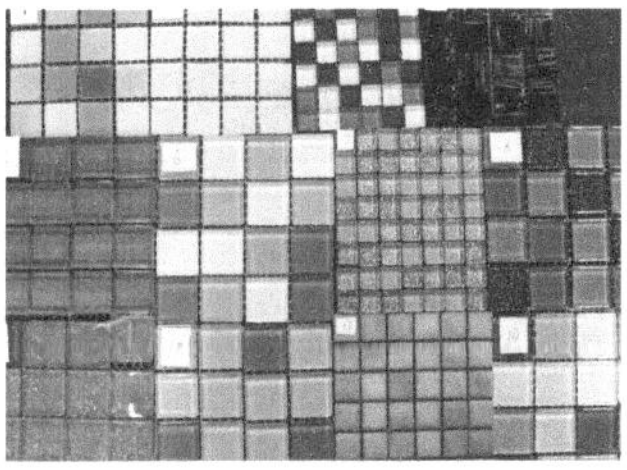	玻璃锦砖又称为玻璃马赛克，可广泛用于室内小面积地面、墙面与室外大小幅墙面及地面铺设 玻璃锦砖具有防滑、耐磨、不吸水、耐酸碱、抗腐蚀、色彩丰富等特点，常见规格为 300mm×300mm，厚度约为 4mm 普通彩色玻璃锦砖价格为 10 ~ 30 元 / 片，适合厨房、卫生间墙面局部镶嵌、点缀

4.3.6　力求环保的油漆涂料

油漆涂料在施工时具有挥发性，对人体健康有一定危害，但是干燥后挥发量会降低到安全范围内，在选购时要注重材料的环保性能（表 4-10）。

表 4-10　油漆涂料分类

类别	图示	材料特点
混油		混油的遮覆力强，但漆膜柔软，坚硬性较差，使用简单，色彩种类单一，适用于对外观要求不高的木质材料作打底漆与水管接头的填充材料，也可用作涂刷面漆前的打底，或单独用作面层涂刷

（续）

类别	图示	材料特点
水性漆		水性漆属于调和漆，无毒环保，施工简单方便，不易出现气泡、颗粒等问题，漆膜手感好，使用后不变黄，耐水性优良，不燃烧，可与乳胶漆同时施工，适用于室内外金属、木材及墙体表面的涂刷
硝基漆		硝基漆属于调和漆，可分为亮光、半亚光与亚光 3 种，干燥快、光泽柔和，装饰作用较好，施工简便，硬度与亮度较好，不易出现漆膜弊病，修补容易，但漆膜保护作用不好，不耐热、不耐腐蚀，主要用于木器与家具的涂装
乳胶漆		乳胶漆又称为乳胶涂料、合成树脂乳液涂料，无毒无害，有多种色彩，装饰效果清新、淡雅，经济实惠，多为内墙乳胶漆，桶装规格为 5L、15L、18L 3 种，每升乳胶漆可涂刷墙、顶面面积为 12 ~ 16m²
真石漆		真石漆又称石质漆，由底漆层、真石漆层与罩面漆层共 3 层组成，涂层坚硬、附着力强、黏结性好，耐用 10 年以上，防污性好，耐碱耐酸，且易修补，主要用于客厅、卧室背景墙与具有特殊装饰风格的空间
防锈漆		防锈漆分为油性防锈漆与树脂防锈漆两种，前者渗透性、润湿性较好，结膜后能充分干燥，附着力强，柔韧性好；后者表膜单薄，密封性强，主要用于金属装饰构造表面的涂装
防火涂料		防火涂料具有较好的防火性能，一般涂刷在木质龙骨构造表面，也可用于钢材、混凝土等材料上，这种涂料能有效提高使用的安全性

（续）

类别	图示	材料特点
防水涂料		防水涂料按其状态可分为溶剂型、乳液型与反应固化型 3 类，溶剂型防水涂料能快速干燥，可低温施工；乳液型防水涂料能有效减少施工污染，降低毒性与易燃性；反应固化型防水涂料则具有优异的防水性与耐老化性能，多用于卫生间、厨房及地下工程的顶棚、墙面、地面

4.3.7 不可或缺的洁具灯具

洁具灯具属于民宿装修构造设施，能大幅度提升装修品质（表 4-11）。

表 4-11 洁具灯具分类

类别		图示	材料特点
厨卫洁具	面盆		面盆又称为洗脸盆，常见于卫生间。面盆材质有陶瓷、玻璃、亚克力 3 种，其中陶瓷材料保温性能好，经济耐用，但色彩、造型变化较少，多为白色，外观以椭圆形、半圆形为主
	水槽		水槽主要用于厨房台面。常用的不锈钢水槽轻便、耐磨、耐高温、耐腐蚀、无异味，密封度高，且防热、防裂、防臭，通常优质水槽边缘不起凸、不翘曲，其下水口及下水管应为 PP 材料或 UPVC 材料
	蹲便器		蹲便器多采用全陶瓷制作，安装方便，使用效率高，排水方式主要有直排式与存水弯式，适用于客用卫生间，占地面积小，成本低廉
	坐便器		坐便器主要采用陶瓷或亚克力材料制作，按结构可分为分体式坐便器与连体式坐便器，常用于卫生间，其排水量必须在 6L 以下

（续）

类别		图示	材料特点
厨卫洁具	浴缸		浴缸又称浴盆，按材料分为钢板搪瓷浴缸、亚克力浴缸、木质浴缸与铸铁浴缸；按裙边分为无裙边缸与有裙边缸；从功能上分为普通缸与按摩缸。其常用于卫生间，选购时依据使用空间而定
	淋浴房		沐浴房常用于卫生间，由隔屏与淋浴托（底盘）组成，内设花洒，外形上看有方形、弧形、钻石形
装饰灯具	吸顶灯		吸顶灯由基座、灯座、灯罩与电光源等部分构成，升温小、无噪声、体积小、重量轻、安装简便，是厨房、卫生间、阳台的主要照明灯具
	吊顶灯		吊顶灯是指由顶棚垂直或曲折吊下的灯具，垂吊高度越低，光亮度越强，光源散发就越集中，可用于民宿内的开阔空间，如餐厅、客房等区域
	筒灯		筒灯是一种嵌入顶棚内且光线下射式的照明灯具，光线较集中，要求吊顶内空不小于150mm才能安装，光源不外露、无眩光，视觉效果柔和、均匀，灯具效率约为85%
	落地灯		落地灯是指通过支架或各种装饰形体将发光体支撑于地面的灯具，由灯罩、支架、底座3部分组成，可分为上照式与直照式两种，造型挺拔、优美，能很好地营造空间角落处的氛围

（续）

类别	图示	材料特点
壁灯	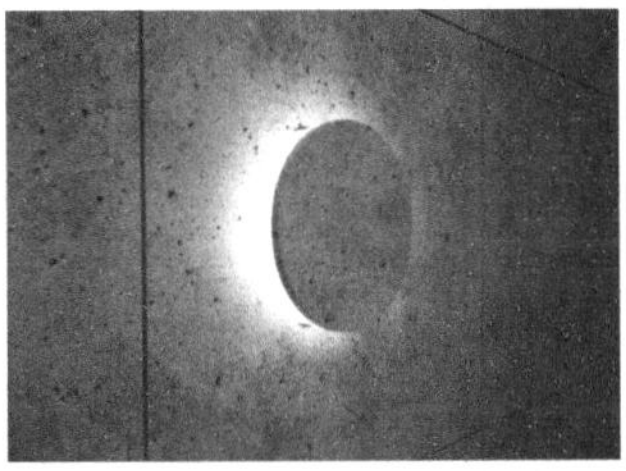	壁灯又称为托架灯，可在以吊灯、吸顶灯为主体照明的空间内作为辅助照明，弥补顶面光源的不足。壁灯的室内安装高度为 1.4 ~ 1.8m，室外安装高度为 2.2 ~ 2.6m，客房的壁灯安装高度为 1.4 ~ 1.7m
台灯		台灯按使用功能可以分为书写台灯与装饰台灯，多选用节能灯为发光源，灯罩角度与灯光强度可随意调节，造型简洁，功能比较丰富
镜前灯		镜前灯是指专供梳妆镜使用的灯具，实用性强，能点缀空间，光源多采用荧光灯或射灯。灯罩的材料有不锈钢、铝合金、亚克力等。其主要安装在卫生间或客房梳妆台的镜子上方
地脚灯		地脚灯是指安装于装饰柜下方与踢脚线边侧的小功率灯具，多用于夜间，可避免眼部受强光刺激，也可设计成特异造型

（装饰灯具）

★补充要点★

装饰灯具识别方法

1）关注产品上的标记，判断其制造厂名称、商标、型号、额定电压、额定功率等是否符合电路设计要求。

2）注意产品的使用安全，安装完成后在不通电情况下，用电笔测试其是否带电。

3）观察灯具中的主导线，截面面积应不小于 $1.5mm^2$。

4）观察灯具结构，导线经过的金属管出入口应无锐边，要避免因裸露的导线与金属壳体接触而发生触电。

4.3.8 保证质量的管线材料

管线材料是满足基本使用功能的必备材料，主要是指各种电线水管，选购时注重识别材质（表4-12）。

表 4-12　管线材料分类

类别	图示	材料特点
电线		装修所用的电力线也指强电，通常采用铜作为导电材料，外部包上聚氯乙烯绝缘套（PVC），一般分为单股线与护套线两种 信号传输线又称为弱电线，用于传输各种音频、视频等信号，在装饰工程中主要有计算机网线、有线电视线、电话线、音响线等
		信号传输线需防止其他电流干扰，所以要求在信号线的周围，应当设置有铜丝或铝箔编织成的线绳状的屏蔽结构，带屏蔽功能的信号传输线价格较高，质量较稳定 无论是护套线还是单股线，都以卷为计量，每卷线材的长度标准应该为 100m，常用的是截面面积为 2.5mm² 的电线，一般产品价格为 350 元 / 卷以上
金属软管		金属软管又称为金属防护网强化管，重量轻、挠性好、弯曲自如，具有良好的耐油、耐化学腐蚀性能，两端均有接头，长度为 0.3 ~ 20m，可订制生产，常见 600mm 长的金属软管价格为 30 元 / 套
PPR 管		PPR 管又称为三型聚丙烯管，重量轻、耐腐蚀、不结垢、保温节能、使用寿命长 每根长 4m，直径为 20 ~ 125mm 不等，需配套各种接头，其中 ϕ20mm 中档产品价格为 8 元 /m 左右 PPR 管不仅可用于冷热水管道，还可用于纯净饮用水系统，在安装时采用热熔工艺，可做到无缝焊接，也可埋入墙内，完全能满足各种场合、情况的需要
PVC 管		PVC 管可分为软 PVC 管与硬 PVC 管，硬 PVC 管用作排水管，重量轻，内壁光滑，流体阻力小，耐腐蚀性好，价格低；软 PVC 管可用作电线穿管护套 PVC 管有圆形、方形、矩形、半圆形等多种，以圆形为例，直径为 10 ~ 250mm 不等，ϕ130mm 的中档产品价格为 15 元 /m 左右

（续）

类别		图示	材料特点
开关插座面板			开关插座面板主要采用防弹胶等合成树脂材料制成，这种材料制成的插座面板硬度高，强度高，表面不会泛黄，耐高温性好，通常单开控制面板的价格为 8 ~ 15 元 / 个 中高档开关插座面板的防火性能、防潮性能、防撞击性能等都较好，表面光滑，面板无气泡、无划痕、无污迹
金属配件	拉手	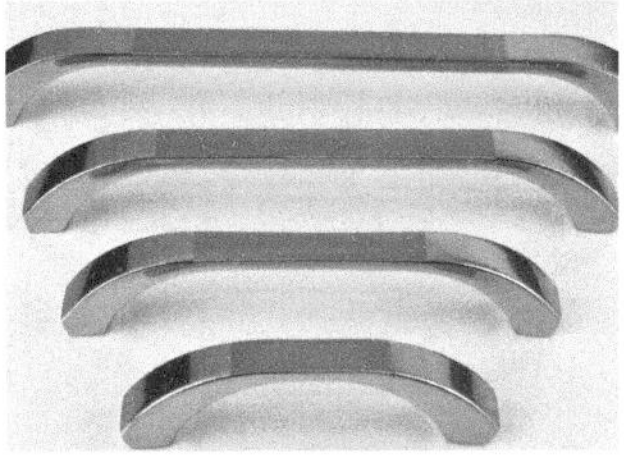	中高档拉手多采用纯铜或铝合金制作，选购时观察其铸造工艺，表面应该完全光洁，没有任何瑕疵，且能承受 60kN 以上的拉力
	门锁		选购门锁时要注意门框的宽窄，球形锁与执手锁不能安装在宽度不大于 90mm 的门框上，门周边骨架宽度在 100mm 以下的应选择普通球形锁 通常纯铜锁具色泽暗却自然，手感较重；不锈钢锁具手感较轻，开锁的声音清脆
	铰链	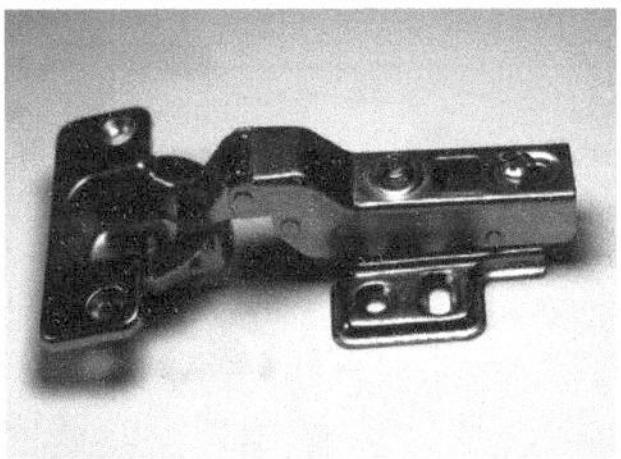	铰链大多是经过电镀的铁制品，只要没有明显毛刺即可，注意张力要特别强，一般成人用手很难掰开最好，不能有松动，这样的产品安装到柜门上才牢固
	合页		合页的制作材料有全铜与不锈钢两种，单片合页的标准为 100mm×30mm 与 100mm×40mm，中轴直径为 11 ~ 13mm，合页壁厚为 2.5 ~ 3mm，安装合页时应选用附送的配套螺钉
	抽屉滑轨		抽屉滑轨多使用优质铝合金、不锈钢或工程塑料制作，由动轨与定轨组成，分别安装于抽屉与柜体内侧两处，常用规格为 300 ~ 550mm，建议挑选耐磨性较好，转动均匀的承重轮

（续）

类别		图示	材料特点
金属配件	膨胀螺栓		膨胀螺栓是一种大型固定连接件，由带孔螺母、螺杆、垫片、空心壁管4个金属部件组成，它可将厚重的构造、物件固定在顶板、墙壁与地面上，可广泛用于装饰装修，长度规格主要为30～180mm

████████████ ★补充要点★ ████████████

水龙头的识别方法

1）观察表面。水龙头表面镀层厚的较好，表面镀层应该无氧化斑点且应有晶莹透亮的光泽。

2）查看手柄。仔细查看水龙头的开关是否轻便灵活，有无阻塞滞重感，通常开关无缝隙，开关轻松无阻，不打滑的龙头比较好。

3）敲击水龙头主体。水龙头的核心部件主要由黄铜、青铜或铜合金铸造而成，优质水龙头表面手摸无毛刺，无气孔、蚀迹，可用随手携带的钥匙敲击水龙头主体，如果声音清脆，则可能是不锈钢材质，质量当然要差一些。

4）检查说明书。合格产品在出厂时都附有安装说明书，购买水龙头时应该要求经销商打开商品包装，检查合格证与安装说明书等，说明书应当印刷精美，字迹清晰。

5）关注阀芯。水龙头质量优劣的关键在于阀芯，阀芯要求制作紧密、牢固，其中，陶瓷阀芯的密封性能好，物理性能稳定，使用寿命也较长，一般可达10年以上。

4.4 装修施工工艺

装修施工是继设计、材料选购之后的关键环节，为了保证装修效果，民宿经营者应当了解相关的施工工艺，以便更好地与施工方沟通。

4.4.1 了解装修施工工序

装饰施工的工序要根据现场的实际施工工作量与设计图最终确定，通常可按照基础工程→隐蔽工程→铺贴工程→构造工程→涂饰工程→收尾工程→竣工验收的流程来施工。

为了保证施工安全与施工质量，在装修施工时要遵守相应的基本要求，这主要包括装修施工要保证建筑结构安全；施工过程中不可损坏或妨碍公共设施；装修所用材料的品种、规格、性能等应符合设计要求及国家现行有关标准的规定；装修时要保证现场的用电安全，要文明施工等。

4.4.2 不可忽视的基础工程

装修工程的第一步便是基础改造，做好基础工程也能为后续施工提供良好的施工环境。

1. 抹灰修饰边角

施工时需注意，使用水泥砂浆修整墙角时，一定要注意墙角的水平与垂直度，必要时要先放线定位，再采用钢板找平（图 4-11）。

2. 墙面粉刷

粉刷能有效保护砌筑的砖墙，施工前必须提前 8h 浸水润湿，门套两边及上方必须粉刷，并需保证水平及垂直度，粉刷后现场要清扫干净，注意需养护 7d 以上。

3. 包砌落水管

厨房、卫生间里的落水管建议使用砖块砌筑起来，这样美观又洁净，可使用木龙骨绑定落水管，这样空间的隔声效果也会更好（图 4-12）。

图 4-11 墙面找平
↑墙面采用水泥砂浆初步找平，再用石膏粉与腻子粉细致找平，通过水平尺检测平整度。

图 4-12 室内包砌落水管
↑落水管内的水流声较大，外部包砌后能有良好的隔声效果。

4.4.3 注重安全性的隐蔽工程

装水电隐蔽构造施工对安全性要求很高，在正式施工前一定要绘制比较完整的施工图，并应在施工现场与施工员交代清楚。

1. 给水管安装

给水管安装应按照查看厨房、卫生间的施工环境→找到给水管入口→开凿穿管所需的孔洞与暗槽→裁切给水管并预装→正式热熔安装→给水管试压→修补孔洞与暗槽的顺序进行（图 4-13）。

2. 排水管安装

排水管安装应按照查看厨房、卫生间的施工环境→找到排水管出口→测量管道尺寸→裁切排水管并预装→正式胶接安装→灌水试验→加固管道→回填的顺序进行（图 4-14）。

3. 防水施工

防水施工应按照修整厨房、卫生间的地面→调配防水涂料→地面、墙面分层涂覆防水涂料→检查涂层情况→闭水实验的顺序进行（图 4-15）。

4. 电路施工

电路施工应按照弹线定位→顶棚、墙面、地面开线槽→埋设暗盒并敷设 PVC 电线管→安装空气开关、开关插座面板、灯具→通电检测→备案并复印电路布线图的顺序进行（图 4-16）。

图 4-13　给水管安装

↑给水管安装前要清理管道内部，保证管内清洁无杂物，安装时要注意接口质量，同时找准各管件端头的位置与朝向，以确保安装后连接各用水设备的位置正确。通常明装单根冷水管道距墙表面应为 15～20mm，冷热水管安装应左热右冷，平行间距应不小于 200mm，明装热水管穿墙体时还应设置套管，套管两端应与墙面持平，管道敷设也应横平竖直。

图 4-14　排水管安装

↑裁切排水管时，两端切口应保持平整，要锉除毛边并做倒角处理，管材与管件连接件的端面也要保持清洁、干燥、无油，要注意管道安装时必须按不同管径的要求来设置管卡或吊架，要确保管卡位置的正确，埋设一定要平整，管卡与管道接触必须紧密，但不能损伤管道表面，这样施工质量才能有保障。

图 4-15　防水施工

↑防水施工时需注意，除地面满涂外，墙面防水层的高度要达到 300mm，卫生间淋浴区的防水层应不小于 1600mm，与客房相邻的卫生间隔墙，其整面墙体应当涂刷一次防水涂料，施工时必须保证卫生间墙面、地面之间的接缝，上、下水管道与地面的接缝处涂刷到位。

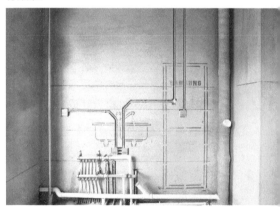

图 4-16　电路施工

↑在电路施工过程中，当设计布线时，执行"强电走上，弱电在下，横平竖直，避免交叉，美观实用"的原则；PVC 管应用管卡固定，PVC 管接头均用配套接头，要用 PVC 胶水粘牢，同一回路的电线应穿入同一根管内，但管内总根数应在 8 根以下；穿入配管导线的接头应设在接线盒内，线头要留有约 150mm 的余量，接头搭接应牢固，绝缘带包缠应均匀紧密。

4.4.4 讲究技术的铺贴工程

1. 墙面砖铺贴

墙面砖铺贴应按照清理墙面基层→浸泡瓷砖→调配 1∶1 水泥砂浆→墙面洒水→放线定位→裁切墙面砖→铺贴墙面砖→填补缝隙→养护待干的顺序进行（图 4-17）。

2. 地面砖铺贴

地面砖铺贴应按照清理墙面基层→调配 1∶2.5 水泥砂浆→墙面洒水→放线定位→裁切地面砖→铺贴地面砖→填补缝隙→养护待干的顺序进行。注意普通瓷砖与抛光砖仍需浸泡在水中 3～5h，取出晾干后才可使用（图 4-18）。

图 4-17 墙面砖铺贴

↑选砖时要仔细检查墙面砖的几何尺寸、色差、品种及每一件的色号，防止混淆色差；墙砖铺贴前必须找准水平及垂直控制线，垫好底尺，挂线铺贴，铺贴后应用同色水泥浆勾缝。墙砖粘贴时必须牢固，不空鼓，无歪斜、缺楞、掉角、裂缝等缺陷，注意墙砖与洗面台、浴缸等的交接处，应在洗面台、浴缸安装完后再铺贴。

图 4-18 地面砖铺贴

↑地面砖铺贴前应经过仔细测量，要在横竖方向拉十字线，贴的时候横缝、竖缝必须对齐，要随时保持清洁干净，不能有铁钉、泥沙、水泥块等硬物，以防划伤地面砖表面，注意铺贴门界石与其周围砖时应加防水剂到水泥砂浆中铺贴。

3. 锦砖铺贴

锦砖铺贴应按照清理墙面基层→调配 1∶1 水泥砂浆→墙面洒水→放线定位→裁切锦砖→铺贴锦砖→填补缝隙→养护待干的顺序进行（图 4-19）。

4. 玻璃砖砌筑

玻璃砖砌筑应按照清理墙面基层→砌筑周边安装预埋件→选择玻璃砖→放线定位→砌筑玻璃砖→填补砖块缝隙→养护待干的顺序进行（图 4-20）。

4.4.5 耗时较长的构造工程

构造工程的施工内容最多，耗时也最长，一定要督促施工员注意质量（表 4-13）。

图 4-19 锦砖铺贴

↑锦砖铺贴前要剔平墙面凸出的水泥、混凝土，在铺贴锦砖的过程中，必须掌握好时间，其中抹墙面黏结层、抹锦砖黏结灰浆、往墙面上铺贴这 3 步工序必须紧跟，铺贴完毕后，可将拍板紧靠衬网面层，用小锤敲木板，做到满拍、轻拍、拍实、拍平，使其黏结牢固、平整。

图 4-20 玻璃砖砌筑

↑砌筑玻璃砖时要考虑墙面的承载强度与膨胀系数，玻璃砖隔墙的顶部与两端应使用金属型材加固，槽口宽度要比砖厚 10 ~ 18mm，玻璃砖应排列整齐、表面平整，用于嵌缝的密封胶也应饱满密实，玻璃砖砌筑完后，应进行表面勾缝，先勾水平缝，再勾垂直缝，注意缝的深度要一致。

表 4-13 构造工程

类别	图示	材料特点
石膏板与胶合板吊顶		石膏板与胶合板吊顶应按照于顶面放线定位→钻孔并放置预埋件→安装吊杆→制作龙骨架→挂接龙骨架→对龙骨架做防火、防虫处理→钉接石膏板或胶合板→钉头防锈→全面检查的顺序施工 石膏板用于平整面的面板，胶合板用于弧形面的面板，也可以用于吊顶造型的转角或侧面 遇藻井吊顶时，应从下至上固定压条，阴阳角都要用压条连接，注意预留出照明线的出口 木龙骨安装要求骨面没有劈裂、腐蚀、死节等质量缺陷，截面长 30 ~ 40mm，宽 40 ~ 50mm，含水率应≤ 10%
扣板吊顶		扣板吊顶应按照于顶面放线定位→钻孔并放置预埋件→安装吊杆→安装金属龙骨架→安装装饰角线→扣接金属扣板→揭去扣板表层薄膜→全面检查的顺序施工 主龙骨中间部分应起拱，起拱高度不小于房间面跨度的 5%，吊杆需接长时，搭接应牢固，焊缝均匀饱满，并进行防锈处理 龙骨完成后要全面校正主、次龙骨的位置及水平度，检查安装好的吊顶骨架，应牢固可靠

（续）

类别	图示	材料特点
扣板吊顶		安装金属扣板时，应调直次龙骨，注意金属方块板组合要完整，留边的四周要对称均匀，吊顶平面的水平误差应 <5mm
石膏板隔墙		石膏板隔墙应按照清理基层→放线定位→钻孔并放置预埋件→制作边框墙筋→调整位置→安装竖、横向龙骨→竖向钉接石膏板→钉头防锈→封闭接缝→全面检查的顺序施工 隔墙的位置放线应按设计要求，沿地、墙、顶棚弹出隔墙的中心线及宽度线，宽度线应与隔墙厚度一致，位置应准确无误 安装木龙骨时，其横截面面积及纵、横间距应符合设计要求，骨架横、竖龙骨宜采用开半榫、加胶、加钉的方式连接 安装纸面石膏板宜竖向铺设，长边接缝应安装在竖龙骨上，安装胶合板饰面前还需对板材的背面进行防火处理
玻璃隔墙		玻璃隔墙应按照清理基层→放线定位→钻孔并放置预埋件→制作边框墙筋→调整位置→安装基架→测定出玻璃安装位置线及靠位线条→安装玻璃→钉接压条→全面检查的顺序施工 基层地面、顶面与周边墙面放线应清晰、准确，隔墙基层应平整牢固，玻璃深度与厚度应符合要求 可在玻璃上钻孔，用镀铬螺钉、铜螺钉将玻璃固定在木骨架与衬板上，也可用硬木、塑料、金属等材料的压条压住玻璃
背景墙		背景墙应按照清理基层→放线定位→钻孔并放置预埋件→制作木龙骨→防火处理→调整龙骨→钉接罩面板→安装其他装饰材料、灯具与构造→钉头防锈→封闭接缝→全面检查的顺序施工 背景墙安装时应先安装廉价且坚固的型材，再安装昂贵且易破损的型材

（续）

类别	图示	材料特点
背景墙		背景墙在施工时，应考虑地砖的厚度、踢脚线的高度，使各个造型协调，并预留好用于安装开关、插座的空间
软包墙面		软包墙面应按照清理基层→放线定位→钻孔并放置预埋件→防潮处理→制作木龙骨→防火处理→调整龙骨→制作软包单元→填充弹性隔声材料→固定软包单元→封闭接缝→全面检查的顺序施工 软包墙面所用的填充材料即纺织面料、木龙骨、木基层板等均应进行防火、防潮处理 软包单元的填充材料制作尺寸应正确，棱角应方正，与压线条、踢脚线、开关插座暗盒等交接处应严密、顺直、无毛边 软包单元安装应紧贴墙面，接缝应严密，花纹应吻合，无波纹起伏、翘边、褶皱现象，表面需清洁
门窗套制作		门窗套制作应按照清理基层→钻孔并放置预埋件→防潮处理→制作龙骨架→防火处理→钉接板材→封闭基层骨架→钉头防锈→全面检查的顺序施工 门窗洞口应方正垂直，基层骨架应平整牢固，表面需刨平，安装洞口基层骨架时，应按"先上端，后两侧"的顺序进行，洞口上部骨架应与紧固件连接牢固 饰面板颜色、花纹应协调，饰面板与门窗套板面结合应紧密、平整，饰面板或线条盖住抹灰墙面应≥10mm
窗帘盒制作		窗帘盒制作应按照清理基层→放线定位→钻孔并放置预埋件→制作龙骨架或细木工板窗帘盒→防火处理→调整窗帘盒位置→钉接饰面板→钉头防锈→封闭接缝→安装窗帘滑轨→全面检查的顺序施工 窗帘盒的规格为高100mm左右，单杆宽度为120mm左右，双杆宽度为150mm以上 制作窗帘盒使用细木工板，如饰面为清油涂刷，应采用与窗框套同材质的饰面板粘贴，粘贴面为窗帘盒的外侧面与底面

（续）

类别	图示	材料特点
窗帘盒制作		贯通式窗帘盒可直接固定在两侧墙面及顶面上，非贯通式窗帘应使用金属支架
柜件制作		柜件制作应按照清理基层→放线定位→钻孔并放置预埋件→板材涂刷封闭底漆→制作指接板或细木工板柜体框架→调整位置→安装柜体框架→制作抽屉、柜门等构件→钉接饰面板→木线条收边→钉头防锈→封闭接缝→安装五金件→全面检查的顺序施工 用于制作衣柜的指接板、细木工板、胶合板必须为高档环保材料，无裂痕、无蛀腐，且用料合理 平开门门板宽度应≤ 450mm，高度应≤ 1500mm，常选用 E0 级 18mm 厚高档细木工板制作 饰面板拼接花纹时，接口应紧密无缝隙，木纹的排列应纵横连贯一致，安装时建议采用气钉枪固定 木质饰边线条应为干燥木材制作，无裂痕、无缺口、无毛边、头尾平直均匀，其尺寸、规格、型号要统一

4.4.6 装饰必备的涂饰工程

涂饰工程注重表面平整度，要求施工员具备良好的耐心，在施工时精益求精（表 4-14）。

表 4-14 涂饰工程

类别	图示	材料特点
抹灰		抹灰应按照基层清理→找平、弹线→墙面湿水→调配 1∶2 水泥砂浆→做门窗洞口护角→基层抹灰→1∶1 水泥砂浆平层抹灰→素水泥找平面层→养护的顺序施工 抹灰用的水泥宜为 32.5MPa 普通硅酸盐水泥，不同品种、不同强度等级的水泥不能混用 抹灰施工宜选用中砂，用前要经过网筛，不能含有泥土、石子等杂物，水泥砂浆拌好后应在初凝前用完 各抹灰层之间黏结应牢固，应待前一层抹灰层凝结后，才能抹第二层，抹灰层在凝固前，应防止出现振动、撞击、水分急速蒸发等情况

（续）

类别	图示	材料特点
抹灰		背景墙在施工时，应将地砖的厚度、踢脚线的高度考虑进去，使各个造型协调，应预留好用于安装开关、插座的空间
清漆涂饰		清漆涂饰应按照清理基层表面→调色→修补凹陷部位→240#砂纸打磨→第一遍清漆（底漆）→待干，复补腻子→360#砂纸打磨→第二遍清漆（面漆）→600#砂纸打磨→第三遍清漆（面漆）→打蜡、擦亮、养护的顺序施工 清漆主要用于木质构造、家具表面涂饰，能起到封闭木质纤维，保护木质表面，光亮美观的作用 涂刷清漆时，握刷要轻松自然，手指轻轻用力，以移动时不松动、不掉刷为准 涂刷时蘸次要多，每次少蘸漆，力求勤刷、顺刷，应依照先上后下、先难后易、先左后右、先里后外的顺序操作
混油涂饰		混油涂饰应按照清理基层表面→0#砂纸打磨→第一遍满刮腻子→待干后用240#砂纸打磨→涂刷干性油→第二遍满刮腻子→240#砂纸打磨→第一遍混油（底漆）→待干，复补腻子→360#砂纸打磨→第二遍混油（面漆）→360#砂纸打磨→第三遍混油（面漆）→打蜡、擦亮、养护的顺序施工 混油主要用于涂刷未贴饰面板的木质构造表面，或根据设计要求需将木纹完全遮盖的木质构造表面 在涂刷面层前，应用虫胶漆对有较大色差与木质结疤处进行封底，涂刷面层油漆时应用细砂纸打磨
硝基漆涂饰		硝基漆涂饰应按照500#砂纸打磨→清理基层表面→涂刷封闭底漆→干燥8h→1000#砂纸轻磨→擦涂水性擦色液→搅拌硝基漆底漆→静置10min→涂刷硝基底漆→打蜡、擦亮、养护的顺序施工 硝基漆的装饰效果细腻，具有一定的遮盖能力，常被用来取代传统混油，用于涂饰木质构造、家具表面，但仅作局部涂饰

（续）

类别	图示	材料特点
硝基漆涂饰		涂刷硝基漆时应顺木纹方向刷涂，注意刷涂均匀，间隔 4 ~ 8h 再重复刷一遍，待底漆施工完毕后可涂饰面漆，最好作无气喷涂，注意喷涂均匀
乳胶漆涂饰		乳胶漆涂饰应按照清理基层表面→ 240 $^{\#}$ 砂纸打磨→第一遍满刮腻子→待干，用 360 $^{\#}$ 砂纸打磨→第二遍满刮腻子→ 360 $^{\#}$ 砂纸打磨→涂刷封固底漆→复补腻子磨平→第一遍乳胶漆→待干，复补腻子→ 360 $^{\#}$ 砂纸打磨→第二遍乳胶漆→待干，用 360 $^{\#}$ 砂纸打磨→养护的顺序施工 乳胶漆主要涂刷于室内墙面、顶面与装饰构造表面，还可以根据设计要求作调色应用，变幻效果丰富 石膏板面接缝处应粘贴防裂胶带再刮腻子，为防止墙面开裂，必要时可以采用尼龙网封闭局部墙面 乳胶漆应采用刷涂、辊涂与喷涂相结合的施工方式，注意涂刷时应连续迅速操作，一次刷完，不可出现漏刷、流附等现象
壁纸粘贴		壁纸粘贴应按照清理基层表面→ 240 $^{\#}$ 砂纸打磨→第一遍满刮腻子→待干，用 360 $^{\#}$ 砂纸打磨→第二遍满刮腻子→ 360 $^{\#}$ 砂纸打磨→涂刷封固底漆→复补腻子磨平→放线定位→壁纸剪裁→粘贴壁纸→修整养护的顺序施工 基层必须清理干净，针对潮湿环境，为了防止壁纸受潮脱落，还可以再涂刷一层防潮涂料，注意涂刷应均匀，不宜太厚 粘贴壁纸前要弹垂直线与水平线，拼缝时先对图案、后拼缝，要使上下图案吻合，要保证壁纸、壁布横平竖直、图案正确 塑料壁纸遇水后会膨胀，铺贴时要用水将纸润湿，纤维基材的壁纸遇水无伸缩，无须润纸，复合纸壁纸与纺织纤维壁纸也不宜润水 粘贴壁纸后，要及时赶压出周边的壁纸胶，不能留有气泡，挤出的胶要及时擦干净，注意保留开关面板、灯具的位置

4.4.7 有条不紊的收尾工程

1. 灯具安装

灯具安装应按照处理电源线接口→查看并检查灯具及配件→放线定位→钻孔，并放置预埋件→安装灯具→测试调整→清理施工现场的顺序进行（图4-21）。

2. 洁具安装

常用洁具包括洗面盆、水槽、坐便器、蹲便器、浴缸、淋浴房等，一般应按照检查给水排水口位置与通畅情况→检查洁具、配件→测量相关尺寸→定位、钻孔→安装洁具→供水测试→清理施工现场的顺序安装洁具（图4-22）。

3. 实木地板安装

实木地板安装应按照清理地面→放线定位→钻孔→固定木龙骨→防潮、防腐处理→铺设防潮垫→细木工板钉接并放线定位→铺装木地板→安装踢脚线与分界条→修补、打蜡、养护的顺序进行（图4-23）。

图4-21 灯具安装

↑灯具安装前应熟悉电气图，应按安装说明要求安装灯具，注意照明灯具在易燃结构、装饰部位及木器家具上安装时，灯具周围应采取防火隔热措施，并选用冷光源的灯具。

图4-22 洁具安装

↑安装洗面盆时，构件应平整无损裂；安装水槽时，其底部下水口平面需装有橡胶垫圈；安装坐便器、蹲便器时，要确定其规格与排水管距离相符；安装浴缸、淋浴房时，要检查安装位置底部及周边防水处理情况。

图4-23 实木地板安装

↑木地板应在室内存放7d以上，且与室内湿度、温度适应后才可使用，应避免在大雨、阴雨等天气施工，施工时要保证地面的平整度，注意做好成品保护，严防油渍、果汁等污染其表面。

4. 橱柜安装

橱柜安装应按照检查水电路情况→查看橱柜配件→清理施工现场→定位、钻孔→逐一安装吊柜、地柜、台面、五金配件与配套设备→固定电器、洁具→测试调整→清理施工现场的顺序进行（图4-24）。

5. 燃气热水器安装

燃气热水器安装应按照确定安装位置→定位、钻孔→安装热水器主机→连接排烟管→连接水管、燃气管→通气检测的顺序进行（图4-25）。

6. 推拉门安装

推拉门安装应按照检查推拉门及配件→测量复核柜体、门洞

尺寸→制作滑轨槽→安装滑轨→组装推拉门→推拉门挂置到滑轨
上→安装脚轮→测试调整→清理施工现场的顺序进行（图4-26）。

图 4-24　橱柜安装

↑橱柜安装时需注意，柜体连接要紧密，吊柜的高度与水平度要能满足使用需求，橱柜台面接缝要处理好，嵌入式电器的安装位置要确定好，柜门安装时要保证缝隙均匀，且横平竖直。

图 4-25　燃气热水器安装

↑安装燃气热水器的房间高度应大于2.5m，且应安装在坚固耐火的墙面上，注意热水器穿越墙壁时，在进、排气口的外壁与墙的间隙要用不可燃材料填塞。

图 4-26　推拉门安装

↑安装推拉门时要保证地面装修的水平，门洞的四壁也要保持水平与竖直，注意柜体制作推拉门要预留滑轨的位置，双轨推拉门要预留 85mm，单轨要预留 50mm，折扇门要预留80mm。

7. 成品房门安装

成品房门安装应按照预留门洞尺寸→订购成品门→检查成品门配件→在门洞处制作基层框架→依次安装门框、门扇等构件→调试→安装门锁、合页、门吸等五金件的顺序进行（图4-27）。

8. 地毯铺装

地毯铺装应按照放线定位→裁切地毯→铺设地毯→对齐拼接缝→固定地毯→修整地毯边缘→安装踢脚线→清扫养护的顺序进行。（图4-28）。

图 4-27　成品房门安装

↑安装成品房门要求表面平整、牢固，板材不能开胶分层，不能有局部鼓泡、凹陷、硬棱、压痕、磕碰等缺陷；门边缘应平整、牢固，拐角处应自然相接，接缝严密，不能有折断、开裂等缺陷；成品门、门套验收时，还要求所有配件颜色一致，无钉外露、损坏、破皮等情况。

图 4-28　地毯铺装

↑铺装地毯时应从室内开窗处向房门处铺装，楼梯地毯则应从高处向低处铺装；在铺装地毯前必须进行实量，要测量墙角是否规整，要根据计算的下料尺寸在地毯背面弹线、裁切，避免造成浪费；地毯铺装后，还要用撑子将地毯拉紧、张平，挂在倒刺板上，以保证铺装质量。

4.4.8 竣工验收要注重细节

竣工验收的细节很多，国家有相应的验收标准，民宿经营者很难掌握全套验收方法，大多数情况下只能凭经验来判断，下面主要介绍关于给水排水管道、电气、墙地砖铺贴、木质构造、门窗、抹灰、涂装与裱糊、卫浴设备等项目验收的要点（表4-15）。

表4-15 装修项目验收要点

项目名称	验收要点
给水排水管道	1）金属热水管必须进行绝热处理 2）管卡安装必须牢固 3）施工后管道应畅通无渗漏 4）新增给水管道必须加压试验
电气	1）金属软管本身应接地保护 2）吊平顶内的电气配管应采用明管敷设 3）卫生间插座宜选用防溅式 4）配电箱内应设置电源总断路器 5）各配电回路保护断路器均应具有过载与短路保护功能 6）断路时应同时断开相线及零线
墙地砖铺贴	1）与地漏结合处应严密牢固 2）砖面应无裂纹、掉角等缺陷 3）不可漏贴、错贴 4）要做好防水处理 5）地砖铺贴应牢固
木质构造	1）吊顶与隔墙安装应牢固 2）木质楼梯设置必须安全、牢固 3）地板铺设应无松动，行走时无明显响声 4）实木框架应采用榫头结构 5）柜体台面应光滑平整 6）墙饰板表面应光洁，木纹朝向要一致

（续）

项目名称	验收要点
门窗	1）门窗配件应齐全，安装位置需正确 2）木门窗应安装牢固，开关灵活 3）门窗安装必须牢固，且需横平竖直 4）推拉门窗扇必须有防脱落措施 5）外门外窗应无雨水渗漏
抹灰	1）墙角抹灰不应存在缝隙 2）抹灰层应当平整 3）平顶与立面应清理干净 4）抹灰应分层进行
涂装与裱糊	1）拼接处花纹图案要吻合 2）涂刷或喷涂要均匀 3）壁纸的裱糊应粘贴牢固
卫浴设备	1）淋浴房玻璃应采用钢化玻璃 2）外观应洁净无损，安装牢固，无松动 3）按摩浴缸的电源必须用插座连接 4）给水连接管应无凹凸、弯扁等缺陷 5）浴缸排水必须采用硬管连接 6）各连接处应密封无渗漏

4.5 案例解析：与自然相融

民宿的装修设计要能体现出民宿经营者的设计品位，同时也要紧跟时代潮流，积极运用新材料，并不断地更新民宿，使其具备新的价值。

1. 设计理念

与自然相融民宿整体设计旨在营造一种以自然生活为景、古朴文化为设计核心的高品质生活，设计中将传统乡村与现代文化完美结合，质朴简单的粉墙黛瓦与细腻精致的玻璃材料相互融合，成为新的立面形式语言，通过这些新旧材料的融合，也使得民宿更具自然气息。

2. 设计构思

（1）传承空间记忆，与自然和谐共处　该民宿设计首先是希望延续老建筑原有的精神与空间体验感，为了融入鄂东南传统民居建筑的特色文化，民宿设计平面采用了天井式院落布局，四周围绕天井形成院落，同时连接交通。该民宿设计还结合了当地陆水湖的美丽自然风景，建筑体块设计采用了不同高度的空间形式，在屋顶还设计有观景平台，这实现了人与建筑、人与自然的最大化互动；在建筑外立面与建筑内部还种植有大量景观竹，且建筑立面还采用了大面积的玻璃开窗，这些都能给予游客更好的视觉体验。

（2）强调私密性与开放性　该民宿强调建立一个可进行交流的、半私密、半公共的空间，民宿入口西边的房间为餐厅，并用抬高地面的手法使得空间更为开放，民宿阅读空间位于内院中心，它连接客房与前厅，是整个民宿交流的中心点（图4-29）。

餐厅：
餐厅分为吧台区和散餐区，两者互通，整个空间宽敞通透，两侧景观优美。

书吧：
阅读空间采用下沉式空间，位于内院中心，它连接客房与前厅，是整个民宿中交流的中心点，增加了人与人之间的交流，也增加了院落与城市的交流。

书吧

书吧

图4-29　与自然相融民宿设计图（沈旺洁、曾蓓）
↑民宿一层设置有餐厅、接待室、书吧、厨房、客房等功能分区，布局十分合理，能满足游客的基本需求，二层设置有单人客房与套房，屋顶还设置有观景平台，游客可在此感受自然的魅力。完整方案可按照本书前言中所述方式获取。

第5章

民宿软装布置

识读难度：★★☆☆☆

重点概念：软装风格、软装设计

章节导读：社会进步促进了公众审美水平的提高，软装是民宿的特色设计之一。软装布置要根据民宿室内面积、空间形状、设计定位、自身经济水平等情况，要能从整体上，综合性地规划出更适合民宿发展的软装方案，民宿内部所选择的软装设计也要能体现民宿经营者的设计品位，并能让人耳目一新。

5.1 了解软装

软装所包含的内容较多，民宿中所有能够移动的，具有装饰性的物品都可称为软装饰，如床上用品、窗帘、沙发、挂画、地毯、灯具、玻璃制品、室内陈设品等。

5.1.1 软装陈设原则

软装陈设主要有四大原则：

1）软装陈设需满足基本的功能要求，并以舒适、实用为目的。

2）软装陈设的整体布局要完整、统一，所选择的陈设品要能相互协调。

3）软装陈设品的色调要保持统一，可以适当地有所对比。

4）软装陈设品的摆放应当疏密有致，不可将过多的装饰品堆砌在同一区域（图5-1）。

a）壁挂饰品　　　　　　　　b）布艺　　　　　　　　c）陈设器物

图5-1 民宿软装陈设

↑民宿内部软装陈设品的色调彼此相互映衬，器物的造型、尺寸等具有一定共性，这种和谐的搭配也使得民宿的艺术效果愈发明显。

5.1.2 软装色彩搭配

色彩是游客对民宿内部空间的第一感知印象，合理的色彩搭配不仅可以使游客舒缓身心，同时也能加强民宿内部空间中各装饰元素之间的联系，这也能有效增强游客对民宿的记忆点。

1. 如何混合色彩

色彩搭配是指色彩的混合，将不同色彩混合搭配可以带给游客丰富的视觉感受（图5-2）。

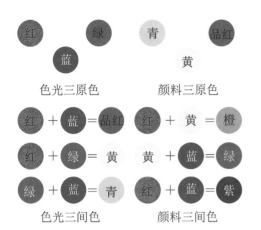

色光三原色　　　颜料三原色

色光三间色　　　颜料三间色

图 5-2　色彩的混合

←原色混合：色光三原色是指红色、绿色、蓝色，颜料三原色指青色、品红色、黄色，通常色光三原色无法通过其他颜色混合而成。

间色混合：色光三间色是指品红色、黄色、青色，颜料三间色指橙色、绿色、紫色，通常间色可由两种原色混合而成。

复色混合：通常复色可由三种原色按照不同的比例混合而成，不同的间色相互混合也能形成复色。

2. 色彩搭配要点

（1）参考色彩三要素　色彩三要素是指色相、明度、纯度，色相影响着软装的整体设计定位，明度影响着空间色彩的层次变化，纯度则影响着空间色彩的个性与柔和度变化。在进行软装设计时，应当选择色相、明度、纯度相宜的装饰品，这样民宿内部空间的视觉感才会更具观赏性（图 5-3）。

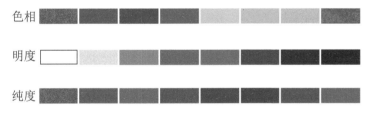

图 5-3　色彩三要素

←色彩的三要素是控制色彩属性的基础，通过对这三种要素的调节，能获得丰富的色彩对比。

（2）色彩冷暖度要合适　色彩有着不同的冷暖变化，这些变化影响着游客的触觉感知和生理感知，通常冷色会给人一种冷静、沉着的氛围感，暖色会给人一种温暖、和煦的氛围感。

（3）巧用对比色彩　通过色相环，可以清楚地看到不同色相搭配在一起会形成不同的搭配效果，通常对比过强的色彩，在视觉上会给人一种冲突感，而适宜的色彩对比组合不仅能加深游客的视觉印象，同时也能提高民宿内部空间的艺术价值（图 5-4）。

（4）色彩比例要恰当　在进行软装设计时，要明确民宿内部空间的背景色、主题色和点缀色，并合理分配比例，使民宿内部空间的色彩处于比较平衡的状态。

5.1.3　民宿软装设计流程

民宿经营者与设计师可以根据民宿建筑面积和实际情况对软装流程进行设计并适当地调节设计流程，以体现出民宿软装的风格和艺术价值（图 5-5）。

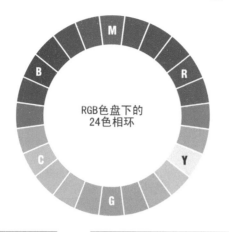

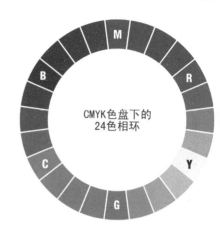

图 5-4 色相环参考
→在色相环上能轻松找到适宜的颜色，RGB 色相环是色光组合而成，整体色彩鲜亮，明度较高；CMYK 色相环是色彩油墨组合而成，整体色彩稳重，明度偏低，是软装陈设的主要选择内容。

RGB色盘下的24色相环

CMYK色盘下的24色相环

Step1：空间测量
工具：照相机、尺、笔等
内容：了解空间尺度，绘制平面图，民宿拍摄
要点：空间尺度精确

Step2：文化风格研究
工具：书籍、互联网等
内容：搜索关键词、积累参考图片、文献、视频等相关资料
要点：整理资料类别、年份

Step3：探讨生活方式
工具：平面布置图
内容：明确生活方式，规划空间流线，融合当地文化
要点：确定民宿空间流线

Step4：色彩探讨
工具：配色网站、配色图片
内容：观察硬装色彩关系，明确软装配饰色彩
要点：明确民宿色彩关系

Step5：方案构思
工具：配色网站、配色软件
内容：初定软装配饰
要点：根据配色方案选择配饰

Step6：二次空间测量
工具：配饰尺寸、设计图
内容：核实软装配饰尺寸
要点：论证软装配饰的合理性

Step7：方案初定
工具：设计软件
内容：确定平面设计方案
要点：确定软装设计元素、设计细节

Step8：初步预算
工具：表格软件
内容：列出所有项目与价格
要点：线上、线下全面比较价格

Step9：确定设计方案
工具：设计软件
内容：完善设计方案细节
要点：确定软装饰品的位置、款式、品种、品牌、规格

Step10：采购软装配饰
工具：电商、实体店
内容：下单采购、订购
要点：强调快递打包安全与物流便捷性

Step11：安装施工
工具：电动工具、测量工具
内容：根据设计图放线定位并逐一安装
要点：保持安装的水平度

Step12：维修保养
工具：清洁工具
内容：定期清洗、保养软装饰品
要点：避免破坏饰品质地

图 5-5 民宿软装设计流程

5.2 选择合适的软装风格

民宿软装风格要能与民宿内部装修风格相统一，只有统一、协调的风格，才能打造出兼具设计美和艺术美的民宿空间。

5.2.1 民宿软装风格

常见的民宿软装风格包括东南亚风格、新古典主义风格、现代简约风格、地中海风格、北欧风格、美式乡村风格、田园风格、传统中式风格、新中式风格等，这些风格与民宿内部装修风格有异曲同工之处，这里不再赘述。

5.2.2 多层次塑造软装风格

民宿经营者应当从多个方面考虑，塑造一个富有个性且丰富的室内软装环境。

1. 材质与肌理方面

在民宿软装设计中，设计师能通过利用不同材质肌理的色泽、形态、触感、纹理、软硬度、光滑度等，同时结合色彩、光感等元素，设计出一个别具风格的空间。

不同的材质、肌理能给予游客不同的视觉感和触觉感，这种"看得见，摸得着"的设计语言能够升华民宿内部空间的艺术美感，同时也能激发设计师的设计灵感，通过质感带来的触觉感受与色彩带来的视觉感受，能够给予游客更深层次的知觉体验（图 5-6）。

a）床上用品的软触觉

b）地毯的暖触觉

c）沙发的软触觉

图 5-6 民宿软装风格 – 触觉体验

↑触觉可分为硬触觉、软触觉、暖触觉、冷触觉、润触觉、涩触觉、韧触觉等，不同的配饰能带来不同的触觉感，通常棉麻类软装饰会带来软触觉，金属类装饰品会带来冷触觉。

2. 家具方面

家具同样影响着软装风格，在具体设计时应当注重其功能性和实用性，同时家具陈设也应注重布局，要合理规划家具陈设的位置，协调好家具与布艺、花草、灯饰、画品等装饰品之间的关系，并以此来突显出软装风格的特点。

通常家具可分为必选类家具和可选类家具两种，前者是必需品，主要用于满足民宿工作人员和游客的基本需求，注重功能性；后者则是以装饰性为主，功能性为辅（图5-7、图5-8）。

图5-7 中式家具
↑中式家具强调家具的造型古朴，具有传统设计元素，常搭配软质坐垫和抱枕等。

图5-8 现代家具
↑现代家具造型简洁，在设计细节上强调个性化，无烦琐的装饰细节。

3. 色彩方面

不同明度、纯度、色相的色彩能够给予游客不同的视觉感受，民宿设计为使游客能够心情放松，有宾至如归的感觉，所选用的色彩不可过于暗淡，内部空间的色彩种类也不可过多，不建议大面积地使用过于鲜亮的色彩，这会导致出现审美疲劳的情况（图5-9、图5-10）。

图5-9 纯色运用
↑纯色是指单一色彩，并不是高纯度色彩，单一色彩与白色、黑色在明度方面形成对比，丰富的视觉效果。

图5-10 色彩拼接
↑多种色彩的面积相当，相互拼接，混搭形成一个极具艺术性的民宿空间。

5.3 软装加深记忆点

在设计时软装能够表现出民宿的设计定位，民宿经营者可通过极具风格的软装元素来加深游客对民宿的记忆点。

5.3.1 彰显品位的装饰画

民宿所选装饰画的风格要符合民宿整体的风格定位，同一区域内装饰画的风格最好一致，不建议选用画风、色彩等冲突过大的装饰画，这在视觉上会使人产生不适感。

1. 装饰画类别

民宿软装中常用的装饰画主要可分为中国字画、油画、工艺画、摄影作品等，这些作品能成为室内空间的核心点，是视觉关注的中心（图 5-11 ～图 5-14）。

图 5-11 中国字画

↑中国字画清雅、端庄，大小、形状不一，画作题材多为人物画、风景画等，适用于中式风格民宿的室内装饰。

图 5-12 油画

↑古典油画讲究写实性，现代油画更具抽象性，画作题材多以人、物为主，创作形式较多。

图 5-13 工艺画

↑工艺画是由多种材料，经过镶嵌、彩绘等工艺制作而成的独立艺术品，具有强烈的文化色彩。

图 5-14 摄影作品

↑摄影作品的内容形式比较丰富，适用于不同的装饰风格，可单独装饰，也可成组装饰。

2. 装饰画尺寸

装饰画的尺寸通常与民宿内部空间中的家具尺寸有关，装饰画的长度要依据墙面或处于视觉中心的家具长度来确定，一般要大于主体家具长度的 2/3，如果墙面空间较大，也可选择幅面较大的装饰画。

5.3.2 富有装饰性的工艺品

工艺品是指具有装饰性的艺术品，它是软装设计的重要表现方式之一，富有个性的工艺品能够突显出民宿的设计定位，能营造一种富有内涵的艺术氛围，也能表现出民宿经营者的审美能力、设计品位和个人艺术素养。通常依据工艺品材质的不同可将其分为玻璃工艺品、金属工艺品、陶瓷工艺品、水晶工艺品、织物工艺品、植物编织工艺品等（图 5-15）。

a）仿古陶器　　　　　b）现代花器　　　　　c）书画容器　　　　　d）日用品置物容器

图 5-15　工艺品
↑制作精良的工艺品不仅可以美化室内环境，同时也能丰富游客的视觉感受。

工艺品通过对称式、均衡式、重复式、渐变式、焦点式等方式布置，使民宿内部空间更和谐，更具观赏性。

1. 对称式布局

对称式布局是指将工艺品在民宿对应的两个区域内按照相同比例、色彩、材质的方式布置。

2. 均衡式布局

均衡式布局是指将工艺品在民宿对应的两个区域内按照不同比例、色彩、材质的方式布置，并且陈设方位趋向平衡。

3. 重复式布局

重复式布局是指将具有相同特征的工艺品在民宿内按照一定的间距重复摆放的方式布置。

4. 渐变式布局

渐变式布局是指将工艺品在民宿内按照一定的规律摆放的方式布置，并力求在统一中有所变化。

5. 焦点式布局

焦点式布局是指以工艺品为室内视觉焦点，同时与其他软装配饰相搭配的布置方式，以此形成一处具有点睛效果的软装元素。

5.3.3 传递情感的装饰花艺

装饰花艺本身就具备较强的装饰效果，同时它也是民宿经营者情感表达的方式之一，从装饰花艺的选择上，可以清楚地感知到民宿经营者的审美素养。

1. 装饰花艺运用原则

（1）保持风格的一致性 民宿内应当使用与室内装饰风格相一致的装饰花艺，这样不仅视觉效果会更统一，所营造的艺术氛围也会更强烈。

（2）注重与其他配饰的协调 所选装饰花艺应当能够与民宿内部的家具、装饰背景和其他配饰等相映衬，要能利用材质、色彩等的对比来增强民宿内部空间的视觉效果（图5-16、图5-17）。

图 5-16 中式风格的装饰花艺
↑中式风格的装饰花艺应当更具自然化的特征，可与白色瓷器相搭配，这样也能增强民宿的雅致感。

图 5-17 装饰花艺
↑装饰花艺能与周边的色彩、材质等形成对比，这种形象上的反差能突显出装饰花艺的装饰效果。

2. 装饰花艺陈设

装饰花艺陈设讲求自然，在设计时要将其自然地融入民宿内部软装中，这样才能更好地打造空间风格，使其具备更浓郁的自然气息（图5-18）。

图 5-18 装饰花艺陈设
↓具体布置时要掌握好装饰花艺的观赏角度和观赏距离，且同一区域内的装饰花艺不可重复太多，以免造成视觉疲惫感。

a）窗前陈设　　　　b）洗手台陈设　　　　c）阳台陈设　　　　d）窗台陈设

5.4　案例解析：山水·涧

本设计旨在营造一个静谧、祥和的民宿空间。游客既可在此拾级而上，体验挥洒汗水的乐趣，也可以在此处体验插花、茶艺、烧烤、露营等各具特色的活动。

该民宿名为"山水·涧"，地处鄂西北地区，背靠山水，自然资源丰富，其内部功能与室外自然环境相互联系，层次分明（图 5-19）。

图 5-19　山水·涧民宿设计图（刘洋、吕晨茜）
↑民宿的主体客户为假日休闲团建的工作族，内部一共设置有 12 间客房，每一间客房都有着不同的特色，且内部软装也充分彰显出了民宿独有的古寨特色风情。完整方案可按照本书前言中所述方式获取。

第6章

民宿改造

识读难度：★★★★★

重点概念：准备、建筑改造、装修改造

章节导读：民宿改造适用于有一定年限的房屋，其目的在于二次利用旧房屋，使其具备新的居住价值。改造内容主要包括建筑改造和装修改造等。在进行民宿改造时，不可破坏建筑原有的结构，要将建筑的使用功能排在首位，再考虑其他功能，且必须控制成本，避免产生不必要的开支。

6.1 民宿改造准备

民宿改造具有较强的灵活性，这能体现民宿经营者的消费价值观。在民宿改造的过程中，民宿经营者可以学习到更多的施工经验，这对民宿后期的维修和保养等都有很大益处。

6.1.1 做好预算投资

在民宿改造前期，一定要合理规划开支，并控制好投资额度。

1. 预算投资依据

（1）收入情况　民宿改造的投入不可超过民宿 2 ~ 3 年的收入总和，有迫切、特殊改造要求的不可超过 5 年的收入总和，且应保留一定数额的资金用于急需。

（2）投资与创收　民宿改造要注意市面行情，要回避创收可能存在的风险。

（3）设计定位　改造前要明确民宿的设计定位，选择最经济，但又不失设计感的改造方案。

2. 确定投资金额

改造前要依据改造项目的不同，列出改造所需的材料和设备等，在充分了解市场情况的前提条件下，多次核算，确定投资金额。

3. 关于改造预算

民宿改造的投资要考虑全面并进行科学合理的分配。改造预算首先要确定工程项目，可按建筑改造、装修改造、户外改造等空间类别来划分，也可按楼地面、墙柱、梁、顶棚等部位类别来划分，由此再细分为多个小项目；然后再将每个项目所需费用列举出来，再进行总计，这样就可比较直观地得出总的预算价格（表 6-1）。

表 6-1　民宿改造参考价格

序号	项目名称	单位	价格 / 元	材料施工说明
一、楼地面工程				
1*	混凝土现浇楼板	m²	400	厚 100 ~ 120mm，ϕ 12mm@180mm 圆钢，跨度 4.5m 内的梁柱，采用 C20 混凝土
2*	现浇工程模板制作	m²	50	浇筑模板扎制
3*	混凝土现浇楼梯（18 阶，宽 1m 左右）	项	8000	厚 100 ~ 120mm，ϕ 12mm@180mm 圆钢双层，C20 混凝土，铁艺扶手

（续）

序号	项目名称	单位	价格/元	材料施工说明
4*	成品楼梯（18 阶，宽 1m 左右）	项	12000	预制钢木结构，成品扶手，包运输，现场安装
5*	钢木结构搁楼板（跨度 3m 以内）	m²	300	100#槽钢/角钢，焊接、固定，打磨，刷防锈漆，上层木基础及下底天花另计（具体材料、工艺以设计为准）
6*	钢木结构搁楼板（跨度 3～4m）	m²	350	120#槽钢/角钢，焊接、固定，打磨，刷防锈漆，上层木基础及下底天花另计（具体材料、工艺以设计为准）
7	楼梯上封板	m²	100	厚 15mm 细木工板面层，按展开面积再乘以系数 1.4 计算，不含抹灰
8	楼梯下封板	m²	80	23mm×33mm 木龙骨框架，单面封纸面石膏板，按展开面积计算，不含抹灰
9	混凝土地面找平	m²	100	C20 混凝土，厚 150mm，加钢筋需另计
10	楼梯踏步铺大理石，玻化砖	m²	30	1∶2.5 水泥砂浆，30mm 以内厚度的垫层，超过部分按找平层计算，按展开面积计算（不含大理石及石材加工）
11	地面铺瓷砖（每片砖周长 <800mm）	m²	25	
12	地面铺瓷砖（每片砖周长≥ 800mm）	m²	30	1∶3 水泥砂浆，30mm 以内厚度的垫层，超过部分按找平层计算（不含地砖）
13	地面铺瓷砖拼花	m²	35	
14	地面瓷砖斜铺（周长 <1000mm）	m²	40	
15	地面贴马赛克（周长≥ 500mm 以上）	m²	45	水泥砂浆（不含马赛克）
16	地面铺大理石	m²	40	1∶2.5 水泥砂浆，30mm 以内厚度的垫层，超过部分按找平层计算（不含大理石及石材加工）
17	铺鹅卵石	m²	20	1∶2.5 水泥砂浆铺设，不含鹅卵石

（续）

序号	项目名称	单位	价格/元	材料施工说明
18	墙地砖勾缝	m²	2	清理，勾缝（含勾缝剂）
19	水泥砂浆地面找平	m²	20	1：2.5 水泥砂浆厚度 30mm，厚度每增加 5mm 单价增加 2 元
20	渣土回填	m²	20	建筑渣土填埋，压实、平整，1：3 水泥砂浆灌浇，找坡，刮糙，按投影面积 × 厚度计算
21	细木工板地台（高 300mm 以内，木结构）	m²	120	厚 15mm 细木工板开条或 23mm×42mm 木龙骨框架结构，面铺 15mm 细木工板，无抽屉（抽屉按 60 元/个另计）
22	陶瓷踢脚线	m	10	1：3 水泥砂浆（不含踢脚线）
23	木饰面踢脚线（高 100mm 以内）木饰面	m	20	九夹板做底，装饰板贴面，实木线条收口（油漆另计）
二、墙、柱（梁）面工程				
1	120mm 轻质砖墙（双面粉刷）	m²	60	轻质砖/砌块、1：3 水泥砂浆抹灰，不含批灰、墙面涂料
2	240mm 轻质砖墙（双面粉刷）	m²	100	
3	砌体包管	根	50	单根管径在 110mm 内，红砖砌或木结构钉钢丝网，单面水泥砂浆抹灰，含防潮
4*	墙、柱（梁）加固	m	200	拆除墙、柱（梁）局部，增加钢筋与 C20 混凝土（局部采用型钢加固另计 80 元/m）
5	拆除墙体后洞口，侧面、梁底等部位粉刷	m	10	1：2.5 水泥砂浆
6	墙面抹灰	m²	10	1：2.5 水泥砂浆
7	毛坯墙墙面处理	m²	5	水泥墙面石膏粉，白水泥抹灰
8*	木格玻璃隔墙装饰板	m²	180	厚 15mm 细木工板框架结构，厚 5～8mm 磨砂玻璃，装饰板贴面（不含油漆及实木特殊工艺）

（续）

序号	项目名称	单位	价格/元	材料施工说明
9*	玻璃隔断边框	m	60	厚 15mm 细木工板结构、装饰板贴面（油漆另计），（长 120～240mm，宽为 100mm）装饰板
10*	纸面石膏板隔墙（双面，隔声棉）	m²	80	U75 轻钢龙骨、双面石膏板、隔声棉，接缝处用腻子或纸带处理，不含批灰、墙面涂料
11*	纸面石膏板隔墙、柜上封板（单面，隔音棉）	m²	50	23mm×33mm 木龙骨框架，单面封石膏板，不含批灰、墙面涂料，龙骨间距 400mm 以内
12	玻璃砖隔墙	m²	400	中档玻璃砖，玻璃胶或白水泥砌筑填缝
13	玻璃隔墙（垂直平面）	m²	100	厚 10mm 钢化白玻璃，含磨边，不含磨砂刻花及上下框
14	墙面铺瓷砖	m²	20	瓷砖胶粘剂，不含地砖
15	墙面贴马赛克	m²	20	瓷砖胶粘剂，不含马赛克
16	墙面贴大理石或玻化砖（挂贴）	m²	40	挂丝、灌浇 1∶2.5 水泥砂浆，不含大理石
17	普通夹板墙面装饰板	m²	60	23mm×33mm 木龙骨，五夹板基层，装饰板贴面，实木线条收口（油漆另计）
18	石膏板造型墙面（有龙骨）	m²	50	木龙骨，纸面石膏板面，自攻钉固定（不含批灰、涂料、布线）

三、顶棚工程

序号	项目名称	单位	价格/元	材料施工说明
1*	石膏板吊平顶	m²	70	50 系列轻钢龙骨架，局部木龙骨或夹板，纸面石膏板面，接缝腻子填缝、接缝纸带封缝（不含批灰、涂料、布线，油漆另计）
2*	石膏板造型吊顶	m²	90	
3*	直型灯槽	m	50	23mm×33mm 木龙骨，石膏板面，腻子填缝、纸带封缝（不含批灰、涂料、布线，油漆另计）
4*	窗帘盒	m	40	厚 15mm 细木工板基层，石膏板面或木质面层（不含批灰、涂料，油漆另计）
5*	夹板吊平顶	m²	80	50 系列轻钢龙骨架或木龙骨，五夹板面，腻子填缝或纸面石膏板、纸带封缝（不含批灰、涂料、布线，油漆另计）

（续）

序号	项目名称	单位	价格/元	材料施工说明
6*	夹板造型吊顶	m²	100	50系列轻钢龙骨架或木龙骨，五夹板面或九夹板面，腻子填缝或纸面石膏板、纸带封缝（不含批灰、涂料、布线，油漆另计）
7*	木制作梁（包梁）	m²	60	厚15mm细木工板基层，三夹板面层
8*	木饰面平顶	m²	50	50系列轻钢龙骨架，或23mm×33mm木龙骨，九夹板基层，装饰板贴面（油漆另计）
9*	木饰面天花造型	m²	100	工程量按展开面积计算，23mm×33mm木龙骨，九夹板基层，装饰板贴面（油漆另计）
10*	杉木板吊顶	m²	60	23mm×33mm木龙骨，杉木板面（油漆另计）
11*	磨砂玻璃吊顶	m²	50	厚5mm磨砂玻璃，广告钉，玻璃胶固定
12	石膏角线（直线）	m	5	型号自定，不含乳胶漆
四、门窗工程				
1	单面门套基层	m	15	厚15mm细木工板基层调平（不含门套线、收口线及饰面板，不含油漆）
2	双面门/推拉门套基层	m	20	
3	铺大理石门槛	m	40	1∶2.5水泥砂浆，30mm以内厚度的垫层，超过部分按找平层计算（不含大理石及石材加工）
4	铺大理石平窗台	m	15	
5	铺大理石凸窗台	m	20	
6	平窗窗套	m	15	厚15mm细木工板基层，装饰板贴面，宽50～60mm实木线条收边（油漆另计）
7	凸窗窗套	m	40	
8*	空芯平板门扇	扇	300	厚15mm细木工板开条/木龙骨框架，五夹板底，三夹板饰面，配合页两个，拼缝、开孔、镶玻璃，含5mm普通磨砂玻璃（油漆另计）
9*	推拉门	扇	500	厚15mm细木工板开条/木龙骨框架，装饰板贴面，实木线条收口，或木格栅镶嵌5mm白玻璃（不含走轨、滑轮，油漆另计）
10	单面门套	m	15	厚15mm细木工板基层，装饰板贴面，宽50～60mm实木线条收边（油漆另计）
11	双面门套	m	20	
12	推拉门套	m	40	

（续）

序号	项目名称	单位	价格/元	材料施工说明
13*	塑钢门窗	m²	120	经销商定制加工后上门安装，厚5mm玻璃
14*	铝合金门窗	m²	180	
15*	成品房门（宽800mm）	扇	800	复合木质门，经销商定制加工后上门安装，含门套
16*	成品大门（宽1200mm）	扇	1500	钢制防盗门，经销商定制加工后上门安装，含门套
五、油饰裱糊工程				
1	墙面防潮基层	m²	10	彩色腻子粉刮腻子两遍、打磨、辊涂防潮油漆两遍
2	墙面基层	m²	3	901胶水加彩色腻子粉刮腻子两遍，打磨，不含防潮油
3	内墙乳胶漆	m²	30	内墙乳胶漆，彩色腻子粉刮腻子两遍，打磨，粉白基色亚光面漆两遍，按白色墙面编制，毛坯墙面基层处理另计（调浅色单价增加20%）
4	聚酯清漆(亮/亚光)	m²	30	批灰、打磨，聚酯清漆，刷两遍底漆、三遍面漆，按面板及线条面积计算，木质玻璃门按整门计算，油漆不减玻璃面积
5	白硝基漆	m²	40	批灰、打磨，白色聚酯漆，刷两遍底漆、一遍面漆，三遍白色硝基面漆，按面板及线条面积计算，木质玻璃门按整门计算，油漆不减玻璃面积
6	聚酯漆（柜内）	m²	20	批灰、打磨，聚酯清漆，刷一遍底漆、两遍面漆，按面板及线条面积计算；木质玻璃门按整门计算，油漆不减玻璃面积
7	聚酯清漆单面门套	m	10	批灰、打磨，聚酯清漆，刷两遍底漆、三遍面漆，按延长米计算
8	聚酯清漆双面及推拉门套	m	20	
9	聚酯清漆平窗窗套	m	10	
10	聚酯清漆凸窗窗套	m	20	
11	硝基漆单面门套	m	15	批灰、打磨，白色硝基漆，刷两遍底漆、四遍面漆，按延长米计算
12	硝基漆双面推拉门套	m	30	

（续）

序号	项目名称	单位	价格/元	材料施工说明
13	硝基漆平窗窗套	m	20	批灰、打磨，白色硝基漆，刷两遍底漆、四遍面漆，按延长米计算
14	硝基漆凸窗窗套	m	40	
15	饰面板踢脚线油漆（高100mm）	m	8	批灰、打磨，油漆同全房指定油漆，刷两遍底漆、三遍面漆，每增加一遍按2元/m计
16	聚酯白漆	m²	40	批灰、打磨，白色聚酯漆，刷两遍底漆、三遍面漆，按面板及线条面积计算；木质玻璃门按整门计算，油漆不减玻璃面积
六、家具工程				
1	电视地柜（高≤150mm）	m	200	厚15mm细木工板框架结构，内衬红榉板，背板为九夹板，装饰板贴面，实木线条收口（无抽屉，不含大理石台面，油漆另计）
2	鞋柜（厚≤300mm）	m²	250	厚15mm细木工板框架结构，内衬红榉板，背板为九夹板，装饰板贴面，实木线条收口，配合铰链（油漆另计）
3	有门装饰柜/酒柜（厚≤300mm）	m²	300	厚15mm细木工板框架结构，局部内贴5cm清镜，厚8~10mm清玻层板，背板为九夹板，装饰板贴面，实木线条收口（配合铰链，不包酒杯架、艺术玻璃，及其他五金，油漆另计）
4	无门装饰柜/酒柜（厚≤300mm）	m²	250	
5	大衣柜/储藏柜（厚≤500mm）	m²	300	厚15mm细木工板框架结构，内衬红榉板，背板为九夹板，装饰板贴面，实木线条收口（配合铰链，滑轨，限1个抽屉/m²，加抽屉另计80元/个，油漆另计）
6	大衣柜/储藏柜（500~600mm，含600mm）	m²	350	
7	大衣柜/储藏柜（600~800mm）	m²	400	
8	无门大衣柜（500~600mm，含600mm）	m²	350	
9	书柜（厚300mm，有门）	m²	250	厚15mm细木工板框架结构，背板为九夹板，装饰板贴面，实木线条收口（配合铰链，滑轨，油漆另计）

（续）

序号	项目名称	单位	价格/元	材料施工说明
10	书柜（厚250～300mm，无门）	m²	200	厚15mm细木工板框架结构，背板为九夹板，装饰板贴面，实木线条收口（滑轨，百叶门、凹凸门另加收40元/m²，油漆另计）
11	书桌、写字桌（高≤750mm，深≤500mm）	m	200	厚15mm细木工板框架结构，内衬红榉板，背板为九夹板，装饰板贴面，实木线条收口（含滑轨，油漆另计）
12	木隔板（深≤350mm）	m	50	厚15mm细木工板基层（靠墙固定），双面装饰板贴面，实木线条收口（油漆另计）
13	房间地柜（高≤800mm，厚500～600mm，有门）	m	300	厚15mm细木工板框架结构，内衬红榉板，背板为九夹板，装饰板贴面，实木线条收口（配合铰链，滑轨，抽屉一个，加抽屉另计80元/个，油漆另计）
14	房间吊柜（高≤650mm，＜厚500mm有门）	m	200	
15	修补家具破损边角（缺口边长≤50mm）	处	10	木料、锯末调色，502胶水黏结，砂纸打磨
七、水电工程				
1	电路工程改造（线管入墙）	m	10	BVR铜芯线，照明插座线路横截面面积2.5mm²，空调插座线路横截面面积4mm²，PVC绝缘管，不含开关、插座、底盒（以实际的施工数量为准结算）
2	电路工程改造（线管不入墙）	m	8	
3	电路工程改造（不含线，线管入墙）	m	7	PVC绝缘管，不含电线、开关、插座、国标电视线、电话线、音响线、网络线、底盒（以实际的施工数量为准结算）
4	电路工程改造（不含线，线管不入墙）	m	5	
5	给水管隐蔽工程改造	m	30	打槽、入墙、安装，不含水龙头、软管、三角阀及生料带（以实际施工数量为准结算）
6	排水管隐蔽工程改造	m	25	ϕ110mm内PVC排水管，接头、配件、安装（以实际施工数量为准结算）
八、安装工程				
1	水龙头安装	个	18	连接软管、辅料（不含水龙头）
2	安装便器	个	60	1：2.5水泥砂浆、轻质砖、排水配件（不含便器）

（续）

序号	项目名称	单位	价格/元	材料施工说明
3	配电箱安装/移位	个	20	1∶2.5 水泥砂浆、管线、辅料（不含配电箱及空开配件）
4	安装开关插座底盒	个	3	底盒（不含开关、面板、电路敷设）
5	安装插座/开关	个	20	辅料、导线连接器、中档开关、面板
6	安装楼层灯具	套	500	管线、辅料、配件（不含灯具）
九、其他工程				
1	室内防水涂料	m²	30	柔性防水灰浆，涂两遍，按实际施工面积计算
2	屋顶沥青浇铺	m²	20	清理基层，沥青现场加热浇铺
3*	屋顶防水卷材铺设	m²	80	清理基层，热熔焊接铺设
4	屋顶、外墙防水修补（面积≤3m²）	处	100	清理基层，沥青现场加热浇铺
5	墙面防潮	m²	8	醇酸清漆两遍
6	木脚手架（室内）	m²	30	按照施工面积计算，施工高度超过 3.6m 以上，则每增加 1.2m，单价增加 20%
7	竹脚手架（室外）	m²	20	
8*	拆墙	m²	20	拆墙、渣土装袋，清运
9*	墙面油漆涂料铲除	m²	5	铲除旧墙油漆、附着物，清理、除糙
10	墙地砖铲除	m²	20	铲除墙地砖、找平、装袋，清运
11*	拆除吊顶	m²	12	拆除吊顶、装袋，清运
12*	拆除木地板	m²	8	拆除木地板，装袋，清运
13*	拆除玻璃	m²	30	拆除玻璃、清理，清运
14*	拆除门窗/门窗框	樘	40	拆除原门窗/门窗框，并用 1∶3 水泥砂浆抹灰
15*	垃圾清理费	套	500	垃圾清理、装袋，搬运至指定位置堆放，按工程直接费的 1% 计取（不足 5 万元按 500 元计）
16*	材料搬运费	套	500	按工程直接费的 1% 计取（不足 5 万元按 500 元计）

注：此预算不含当地行政管理部门所收任何费用；改造中项目与数量如有增加或减少，则按实际施工项目与数量结算工程款；以上项目序号中带"*"表示该项目价格含施工员工资，或属于成品项目；此预算中所用材料均为中档，所有价格仅作参考。

6.1.2　确定民宿改造方案

民宿改造之前要构思好改造方案，要注重设计的科学性与合理性。

1. 改造方式

（1）适当增加构造　其目的是为了加固民宿建筑结构，提高民宿建筑的抗震等级。这主要可从材料、构件固定方式等方面着手，注意民宿建筑自重不可超过原有设计的 30%。

（2）适量拆除构造　这是减轻建筑自重的有效手法，拆除构造后能腾出更大空间，也能为进一步改造预留位置。注意建筑现有的支撑构造不能随意拆除，要选择合适的拆除方式，不可暴力拆除，并提前准备好各种应急工具、材料，保证能在拆除的同时，进行应急施工。

（3）更换构造　更换构造主要是指更换老旧、坏损的建筑构造，填补新型材料，通常只用于装修改造。设计更换构造时，要特别注意拆旧换新之间的短时间支撑，且需逐一进行，不可同步施工。

2. 改造设计过程

民宿改造可按初步设想→实地测量→改造设计→预算开销→变更调整→图样绘制的流程进行设计，其中改造设计主要包括平面设计、立面设计、构造节点设计、文字说明等（图 6-1）。

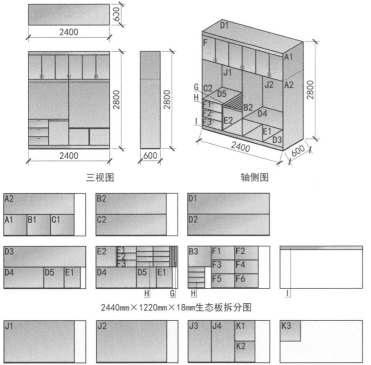

三视图　　　　　　轴侧图

2440mm×1220mm×18mm生态板拆分图

2440mm×1220mm×9mm生态板背板拆分图

图 6-1　民宿家具改造设计图
←通过民宿家具改造设计图，能清晰地看到板材消耗数量与尺寸，方便精确计算板材用量。图中家具编号对应板材编号。

125

3. 改造注意事项

1）改造要能使民宿获得更好的采光、通风条件，要能隔绝噪声，并能避免接触到带有辐射性的设备，可在外墙上涂刷防辐射涂料，或在墙体抹灰层外铺贴一层防辐射布。

2）改造要注重室内陈设，可适当选用体量较小的产品，但需注意陈设品摆放不宜过于复杂、凌乱。

6.1.3　注意施工与管理

1. 保证施工安全

改造前应当设立安全管理组织，要管理施工员的不安全行为，设备设施的不安全状态，作业环境的不安全因素，施工管理的不安全缺陷等，且施工前要对施工员加强安全教育与宣传工作，使其安全意识得到进一步提高。

改造施工前还需设定安全管理措施，如凡进入工地的人员必须戴安全帽，严禁饮酒上工，或带其他非工地的工作人员进入；使用梯子不能缺挡，不可垫高使用，梯脚要有防滑措施等（图6-2、图6-3）。

图6-2　施工电箱
↑施工电箱应当放置在有遮挡的区域内，内部电路安装紧密，不能有漏接、虚接的现象出现。

图6-3　施工需戴安全帽
↑所有施工员、管理员出入施工现场都应当佩戴安全帽。

2. 遵守相关的改造规范

（1）基本规范　改造应符合当地规划要求，要保障基本生活条件与环境，并能经济、合理、有效地使用土地与空间。

（2）空间功能规范　民宿改造后应具备基本的功能空间。

（3）结构规范　改造后的民宿建筑结构使用年限应不少于30年，安全等级应不低于2级。

（4）设备规范　民宿内部应设室内给水排水系统与照明供电系统，严寒地区还应设采暖设施。

（5）防火规范　民宿建筑的周围环境应为灭火救援提供外部条件，且相邻建筑之间应采取防火分隔措施。

（6）装修规范　民宿改造施工前应该进行交底工作，民宿
经营者应对施工现场进行核查，各分项工程应自检、互检。

6.2　建筑改造

民宿建造是民宿建筑由无到有的过程，而民宿建筑改造则是民宿建筑由有到优的过程。民
宿建筑改造内容繁多，主要目的在于解决建筑中由自然气候变化或人为引起的各种弊端。

6.2.1　多种改造方式

民宿建筑改造主要针对破损或存在安全隐患的构造进行强化
处理，使其恢复原有强度或功能得到完善。从技术上来看，对民
宿建筑结构进行加固的方式很多，但需注意改造时要考虑改造成
本与施工条件。

1. 增加固定构件

在原有民宿建筑的损坏部位增加固定构件的改造方式，能起
到强化构造的作用，主要可用于损坏程度不严重的民宿建筑构件，
如横梁、立柱、楼板等的轻微开裂、变形。固定构件一般为钢筋、
型钢、螺栓等成品金属材料，也可根据不同情况选用钢钉、钢丝、
木板等材料作辅助固定（图6-4）。

2. 浇筑填补

浇筑填补主要是指在原有民宿建筑的损坏部位的外围或内部
浇筑混凝土或水泥砂浆，从而强化建筑构造。为了进一步强化加
固效果，还可以在浇筑层中配置钢筋，使浇筑层为钢筋混凝土，
效果会更佳。针对开裂缝隙较大的墙体，还可采用高压喷浆的方
式来填补（图6-5）。

图6-4　立柱加固
↑增加固定构件通常采用角钢包围立柱与横梁棱角的方式。
这主要是采用扁钢将各棱角上的角钢作横向焊接，采用膨胀
螺栓将扁钢固定在立柱、横梁上，最终起到加固的作用。

图6-5　混凝土楼梯浇筑
↑浇筑填补的适用面域较广，它不仅能用来改造常见的立柱、
横梁、楼板，还可改造面积较大的墙体、楼梯、基础等，且
施工成本较低。

3. 局部替换

局部替换主要是指拆除原有民宿建筑中严重损坏的构件，然后用新构件替换，新构件与原构件中的其他材料仍保持紧密相连。这种改造方式主要针对无法修补的建筑构件，如严重变形的楼板、立柱、木构件等。

6.2.2　基础加固的方式

基础加固是后续改造施工的前提保证，其主要有以下加固方式。

1. 打桩法加固

打桩法是在民宿建筑基础附近钻孔，孔深一般超过基础深度的 2 倍，并向孔内灌入加固材料，使基础周边的土质变得更坚固，从而保证基础稳固安全。其施工应按照查看地质变化→放线定位→使用打桩机依据标记钻孔→向孔内灌入加固材料→封口夯实→养护 7d →整改的步骤进行（图 6-6）。

图 6-6　打桩法加固
→施工时需注意，打桩多采用专业打桩机操作。打桩的具体位置要查阅民宿原建筑的施工图。桩柱垂直下去后不能与基础发生碰撞或摩擦。桩孔的位置一般呈双排交错状。如果基础损坏不严重，仅在室外打桩即可，严重时需在室内外同时打桩。

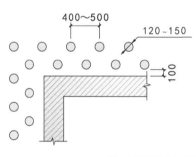

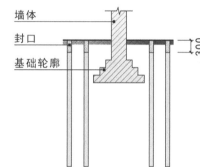

2. 加宽法加固

加宽法是指在民宿建筑原有基础的外围增加钢筋混凝土构造，新增的构造主要通过钢筋与原基础紧密相连。其施工应按照检查建筑基础受损情况→清理建筑基层表面→钻孔，插入钢筋→制作钢筋网架→架设围合支撑模板→浇筑混凝土→养护 7d →回填基础土层并夯实的步骤进行（图 6-7）。

3. 抬梁法加固

抬梁法是指在损坏基础的地圈梁下方制作 1 个与地圈梁垂直的短梁，并在原基础两侧下部制作新基础，从而达到将短梁抬起的目的。其施工应按照检查基础受损情况→开挖土层→在地圈梁下部开挖方形孔→编制钢筋网架→编制新基础的钢筋网架→浇筑混凝土→养护 7d →回填基础土层并夯实的步骤进行（图 6-8）。

4. 围套法加固

围套法是指在损坏或需加层的建筑基础外围制作一层钢筋混凝土围套，从而提高基础强度。其施工应按照检查损坏或需要加层的建筑基础→开挖土层→清理基层→开设方孔并穿插钢筋→制

作钢筋网架→架设支撑楼板→浇筑混凝土→养护 7d →回填基础
土层并夯实的步骤进行（图 6-9）。

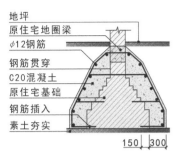

图 6-7 加宽法加固

↑加宽法主要分为单面加宽、双面加宽和四面加宽等，其中单面加宽通常只在室外一侧施工，适用于损坏程度不高的条形基础或局部基础加固；双面加宽则需在室内外同步施工，适用于损坏较严重的条形基础，内外钢筋网架应穿过基础墙体而相互连接；四面加宽适用于损坏较严重的独立基础，钢筋网架呈环向包围状，这种构造形式比较牢固。

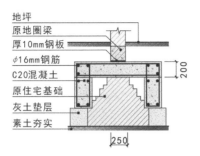

图 6-8 抬梁法加固

↑抬梁法是一种倾向于修补的加固方式，一般在损坏部位进行施工即可。施工时需注意，在地圈梁下方开设的方孔应紧贴地圈梁，无地圈梁的基础应在大放脚上端约 200mm 处开孔。抬梁构造穿插在开设的方孔中，需用直径为 12 ～ 16mm 的钢筋编制网架。如需对条形基础进行整体加固，可在距离主墙角 100mm 左右的位置开始制作。

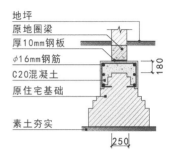

图 6-9 围套法加固

↑围套法施工相对比较容易，主要可作为其他基础加固方法的补充，适用于损坏不太严重的部位。通常围套的综合厚度应≥ 200mm，由于大放脚是下大上小的阶梯构造，因此无须再增加混凝土垫层。开设方孔时，其间距为 1.2 ～ 1.5m，方孔边长应≥ 180mm，方孔中的穿插钢筋应与围套钢筋相连，并浇筑 C20 混凝土，浇筑成型后，还需在抬梁顶部楔入厚 10mm 的钢板紧固。

6.2.3 砖墙改造的方式

砖墙改造是民宿改造最常见的一种，其需在深入分析受损原因与改造方式后再开始实施（图 6-10、图 6-11）。

图 6-10 制作钢筋网强化砖墙

↑钢筋网的密度要大，可根据砖墙受损程度来确定间距，受损严重的墙体可以将间距设定为 100mm 左右。

图 6-11 制作钢板网强化墙体与立柱

↑将钢板裁切成板条状，钢板厚度为 6mm，受损严重的墙体可以将间距设定为 200 ～ 300mm。

1. 墙体拆除

拆除墙体改造成门窗洞口，能最大化利用空间，这也是常见的改造手法。其施工应按照分析预拆墙体构造→标记→用电锤或钻孔机钻孔→分层次敲击墙体→清理拆除界面→修补墙洞→养护7d 的步骤进行。

2. 墙体补砌

墙体补砌是在原有墙体构造的基础上重新砌筑新墙，新墙应与旧墙紧密结合，完工后不能有开裂、变形等状况出现。其施工应按照分析砌筑部位结构特征→清理砌筑基层→放线定位→配置水泥砂浆→逐层砌筑→预埋拉结筋→制作构造柱→砌筑墙体抹灰→湿水养护 7d 的步骤进行。

3. 墙体加固

墙体加固主要有局部加固与整体加固两种方法。

（1）局部加固　局部加固是针对损坏不太严重的墙体作局部改造，可在损坏的部位增设壁柱来提高墙体的强度。其施工应按照检查墙体损坏情况→基层清理→放线定位→钻孔，插入拉结钢筋→逐层砌筑砖柱→壁柱抹灰找平→湿水养护7d 的步骤进行。

（2）整体加固　整体加固是指在凿除原墙体表面抹灰层后，在墙体两侧设钢筋网片，采用水泥砂浆或混凝土加固墙体。其施工应按照检查墙体损坏情况→凿除抹灰层→放线定位→钻孔，插入拉结钢筋→绑扎钢筋网架→焊接拉结钢筋→分层喷射水泥砂浆或细石混凝土→湿水养护 7d 的步骤进行（图 6-12）。

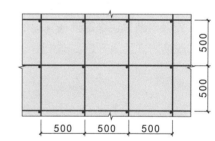

图 6-12　整体加固
→在受损墙体表面覆盖钢筋网，形成新的保护层，可采用混凝土覆盖表面。

4. 裂缝修补

通常裂缝宽度 ≤ 2mm，且单面墙上的裂缝数量为 3 条左右，裂缝长度不超过墙面长或高的 60%，且不再加宽、加长的，就不必修补。裂缝修补主要有抹浆法和灌浆法两种。

（1）抹浆法　抹浆法施工应按照检查裂缝数量与宽度→墙面基层清理→放线定位→编制钢筋网架→固定水泥钉→湿水、抹浆→待干养护 7d 的步骤进行（图 6-13）。

（2）灌浆法　灌浆法施工应按照检查砖墙开裂情况→做好修补标记→钻孔→配制水泥浆→墙体孔洞注入水泥浆→待干养护7d 的步骤进行（图 6-14）。

5. 砖柱加固

砖柱是砖墙的重要组成构造，可用于保持砖墙的垂直度，主

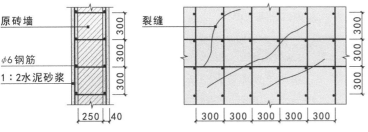

图 6-13 抹浆法构造
←采用钢筋网架全覆盖受损墙体表面，采用水泥砂浆表面覆盖找平。

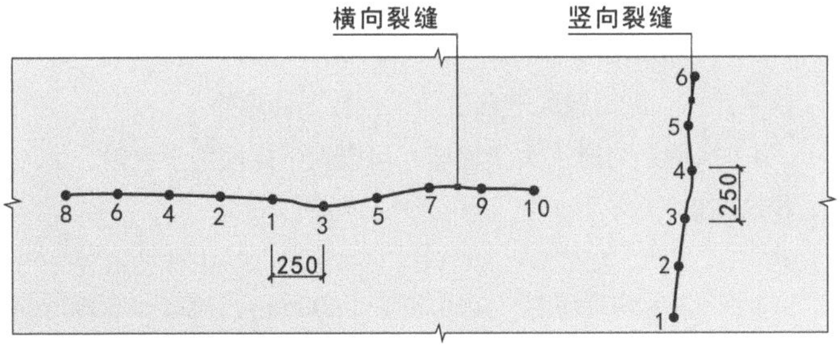

图 6-14 灌浆法构造
←将受损裂缝等距钻孔，灌入水泥砂浆或混凝土加固。

要有钢筋混凝土加固法和角钢加固法两种。

（1）钢筋混凝土加固法　钢筋混凝土加固法施工应按照检查砖柱损坏情况→凿除抹灰层→放线定位→凿除多余砖块→钻孔，插入拉结钢筋→绑扎横向或竖向钢筋→架设围合模板→浇筑细石混凝土→湿水养护 7d 的步骤进行（图 6-15）。

（2）角钢加固法　角钢加固法施工应按照检查砖柱损坏情况→凿除抹灰层→砖柱表面抹灰→砖柱边角镶贴竖向角钢→裁切扁钢并钻孔→横向焊接扁钢与角钢→在砖柱上钻孔→于砖柱上固定扁钢的步骤进行（图 6-16）。

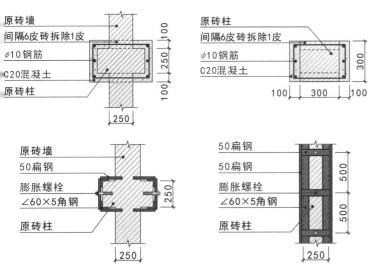

图 6-15 钢筋混凝土加固法构造
←采用钢筋网架全覆盖受损砖柱表面，采用混凝土表面覆盖。

图 6-16 角钢加固法构造
←采用角钢与钢板组合，覆盖受损砖柱表面。

下面对砖墙改造施工要点进行罗列，以方便读者识读和比较（表 6-2）。

表 6-2　砖墙改造施工要点

改造项目	图示	施工要点
墙体拆除		1）拆墙之前要深入分析预拆墙体的构造特征，通常厚度 ≤ 150mm 的砖墙均可拆除 2）应先拆顶楼墙体，再逐层向下施工，可先拆墙体边缘，再拆除墙体中央 3）拆除后的墙洞需进行清理，湿水后要采用 1：2.5 的水泥砂浆涂抹，缺口较大的部位可采用轻质砖填补 4）拆墙后会产生大量墙渣，可以有选择地用于台阶、地坪、花坛砌筑
墙体补砌		1）砌筑室内辅墙时，如果厚度 ≤ 200mm 且高度 ≤ 3000mm，则可在地面开设深 50 ~ 100mm 的凹槽作为基础 2）补砌墙体的转角部位应与新砌筑的墙体一致，其间需埋设直径为 6 ~ 8mm 的拉结钢筋 3）补砌墙体与旧墙交接部位应呈马牙槽状或锯齿状，平均交叉宽度应 ≥ 100mm
墙体加固		1）局部加固需注意新筑构造要与原墙体结合，需采用钢钉固定牢固后再用抹灰找平 2）整体加固不可用于空心砖墙，不能独立用于 2 层以上砖墙 3）整体加固时，穿墙孔应用电锤作机械钻孔，喷浆还需采用 1：2 的水泥砂浆做一遍厚 5 ~ 8mm 面层的抹灰
裂缝修补		1）抹浆法修补裂缝需注意，原墙面应完全露出抹灰层，并凿毛处理，钢筋网架安装后还需与墙面保持约 15mm 的间距，注意分层次抹灰 2）灌浆法修补裂缝需注意，每两个孔之间应为直线裂缝，其距离应为 200 ~ 300mm，钻孔完毕后，还需将裂缝与孔洞中的砖渣清理干净
砖柱加固		1）钢筋混凝土加固法施工时需注意，竖向钢筋与穿插砖柱中的钢筋规格应相同，竖向钢筋距砖柱表面应 ≥ 60mm，砖柱表面需做抹灰找平处理 2）角钢加固法施工时需注意，角钢应镶嵌牢固，待水泥砂浆完全干燥后才可开始焊接，焊接时要避免出现虚焊、脱焊的节点

6.2.4 混凝土结构改造

混凝土结构包括立柱、横梁、楼板、楼梯、阳台等构造，由于基础沉降不均、气候变化较大或其他因素等影响，混凝土构造会遭受到破坏（图 6-17）。

a）混凝土立柱

b）混凝土横梁

c）混凝土楼板

d）混凝土楼梯

图 6-17 混凝土结构
↑混凝土结构虽然强度高，但是也容易受损，需在改造中仔细检查，防止出现不安全因素。

1. 混凝土立柱改造

混凝土立柱改造主要可通过混凝土包围法、型钢包围法、置换法等进行。

（1）混凝土包围法 混凝土包围法是指在受损混凝土立柱外围增加一层新的钢筋混凝土构造，新构造将原构造完全包围，通过增加立柱的截面面积来提高强度。该方法适用于产生裂缝、变形的混凝土立柱。其施工应按照检查立柱损坏情况→做标记→基层清理→放线定位、钻孔→配制钢筋网架→架设围合模板→浇筑混凝土→待干后湿水养护 7d 的步骤进行（图 6-18）。

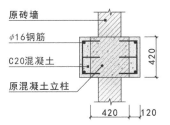

原砖墙
φ16 钢筋
C20 混凝土
原混凝土立柱
420
420 120

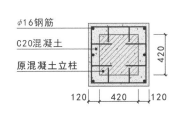

φ16 钢筋
C20 混凝土
原混凝土立柱
420
120 420 120

图 6-18 混凝土包围法构造
←施工时应注意，立柱表面抹灰层要清理干净，可用电锤在立柱表面钻孔，在垂直方向应每隔 400～600mm 钻 1 组，且竖向钢筋应穿插至上、下层楼板中，底层钢筋应与基础相连。

（2）型钢包围法 型钢包围法主要是在损坏的混凝土立柱外围增加一层钢结构保护套，适用于 2 层以上建筑的立柱改造。其施工应按照检查立柱损坏情况→做标记→基层清理→放线定位、钻孔→黏结角钢→焊接型钢→裁切扁钢→固定扁钢的步骤进行（图 6-19）。

（3）置换法 置换法主要是将损坏严重的混凝土立柱拆除，重新配置钢筋并浇筑更高等级的混凝土，适用于局部立柱改造，主要针对腐蚀、断裂、脱落严重的混凝土立柱。其施工应按照检查立柱损坏情况→做标记→型钢加固→拆除损坏立柱上的混凝土→替换新钢筋→架设模板→浇筑混凝土→待干后养护 7d 的步骤进行（图 6-20）。

图 6-19 型钢包围法构造

→施工时应注意外凸立柱可采用的角钢边长为 40~60mm，厚 5mm 角钢包住转角，外部平整的构造柱可采用宽 60~80mm，厚 5mm 扁钢包住砖柱结合部，或采用 120# 槽钢背部紧贴立柱表面，且应待环氧树脂胶干燥后才能进行焊接，焊接过程中，要严谨施工，以避免出现虚焊、漏焊。

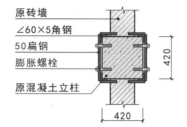

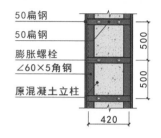

图 6-20 置换法构造

→施工时应注意在替换立柱前必须谨慎对待支撑加固，支撑前应将立柱上层的大件家具、物品搬至底层或户外存放；立柱拆除后，应将拆除界面清理干净，扫除浮灰，仔细检查支撑构件，必要时可作辅助支撑。

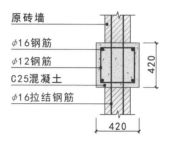

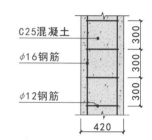

2. 混凝土横梁改造

混凝土横梁有过梁与圈梁两种，可通过增补钢筋法和钢筋牵拉法进行改造。

（1）增补钢筋法 增补钢筋法主要是将受损横梁下部的混凝土凿掉直至露出钢筋，在原有钢筋的下部焊接新增钢筋，最后重新浇筑混凝土将其封闭。其施工应按照检查横梁损坏情况→做标记→基层清理→焊接新旧钢筋→架设围合模板→浇筑混凝土→待干后湿水养护 7d 的步骤进行（图 6-21）。

图 6-21 增补钢筋法构造

→应注意凿除混凝土时不宜对所有横梁同时施工，一般只对相距 4m 以上且平行的横梁作同时施工，为了强化横梁构造，还可以在新增钢筋与原钢筋的截面外围增加箍筋，其规格与原箍筋相同，间距可为原箍筋的 2 倍，钢筋焊接施工时需更谨慎，以避免出现虚焊、漏焊。

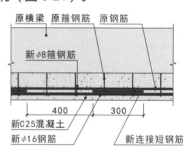

（2）钢筋牵拉法 钢筋牵拉法是一种对横梁做强化、加固的辅助改造方法，主要针对具有轻度地质沉降的建筑做加固。其施工应按照检查横梁损坏情况→做标记→钻孔，插入螺栓并紧固→在螺栓外露端头勾挂弯折呈 180° 的钢筋→拉紧牵拉钢筋的步骤进行（图 6-22）。

3. 混凝土楼板改造

混凝土楼板主要可通过局部更换法、型钢加固法、楼板开孔法进行改造。

（1）局部更换法 局部更换法的施工应按照检查楼板损坏情况→做标记→钻孔，拆除整块原楼板→清理垃圾→吊装新楼板

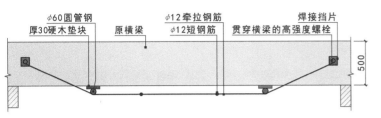

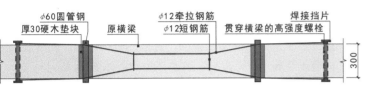

图 6-22　钢筋牵拉法构造

←施工时应注意高强度螺栓应贯穿横梁，或用直径 30mm 左右的实心圆钢替代。圆钢穿插后应在两端焊接挡片，以防止牵拉钢筋滑落。拉紧牵拉钢筋时要使横梁的重心正好处于牵拉钢筋之上。加固完毕后，还需在全部钢结构表面涂刷三遍防锈漆，再根据装修需要涂刷有色混油，或在此构造的基础上做装修吊顶，将其遮掩住。

→用水泥砂浆或混凝土填补缝隙→水泥砂浆抹灰找平→待干后湿水养护 7d 的步骤进行（图 6-23）。

（2）型钢加固法　型钢加固法主要是在混凝土楼板下面增加槽钢、工字钢等高强度型钢，用于支撑加固原楼板，适用于各种类型的混凝土楼板。其施工应按照检查楼板损坏情况→做标记→依据楼板跨度选择合适型钢→膨胀螺栓固定型钢→焊接横向型钢与竖向型钢→环氧树脂胶填充各种缝隙→涂刷两到三遍防锈漆的步骤进行（图 6-24）。

图 6-23　预制楼板拆除

↑局部更换法只适用于预制混凝土楼板，由于这种楼板多由各地私营作坊生产，价格低廉，因此质量就很难统一。

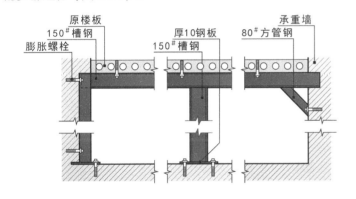

（3）楼板开孔法　楼板开孔法主要是在现浇混凝土楼板上开设孔洞，将其改造成楼梯井、通风口、管线井、升降机井等构造，这也增强了建筑的使用功能。其施工应按照检查需要开设孔洞的楼板→在开设部位做标记→架设支撑构造→钻孔→裁切混凝土楼板中的钢筋→配置加固钢筋→架设围合模板→浇筑细石混凝土→待干后湿水养护 7d 的步骤进行（图 6-25）。

特别注意，混凝土楼梯与混凝土阳台的改造都属于混凝土结构改造，混凝土楼梯可通过型钢加固法、加宽法等方法来进行改造；阳台大多为悬挑结构，改造目的主要为加固与增设两个方面，前者主要针对因地质沉降、年久失修而造成损坏的阳台构造，包括阳台底板与雨篷；后者主要针对希望向户外空间拓宽的情况。

图 6-24　型钢加固法构造

←型钢加固施工时需注意横向型钢的规格可与竖向型钢相同，但不宜大于竖向型钢，上层型钢的规格可与底层型钢相同，但不宜大于底层型钢，横向型钢的布置也应与预制混凝土楼板垂直。

图 6-25　楼板钻孔

↑在现浇混凝土楼板上开孔前需在下层做好支撑构件，应采用 120# 工字钢或直径为 150 ～ 200mm 的硬木作支撑，支撑点应 ≥ 5 个，开孔时不能采用钉凿敲击，要避免破坏孔周边构造。

6.3 装修改造

民宿装修改造的目的是为了提高入住体验感，同时也是为了吸引更多的游客，改造内容一般包括顶面改造、墙面改造、地面改造、家具改造、装修保洁以及后期保养。

6.3.1 顶面改造注重细节

顶面属于室内高度空间界面，受损的概率很小，通常涉及改造的内容除了局部维修以外，有时还要做整体更换。

1. 吊顶改造

吊顶由于制作且安装在顶面，不易受到撞击，很少维护保养，但一旦出现问题，不仅影响整体视觉效果，受损情况也会较严重，通常建议整体更换。

民宿中常见的吊顶有石膏板吊顶、胶合板吊顶、金属扣板吊顶等，更换之前要仔细查看、确定吊顶的损坏部位，并清理基层；更换过程中要紧固龙骨，选择合适的吊顶尺寸，并确保安装牢固；更换后还需做好全面检查，以免再次出现问题（图 6-26）。

2. 顶角改造

顶角是顶面最容易受损坏的部位，外墙与屋顶的漏水、渗水都会在顶角上反映出来，很多采用预制混凝土楼板建造的民宿，顶角还会产生不同程度的开裂，这些都需要做统一改造。

常见的顶角包括石膏线条、木质线条、窗帘盒等，石膏线条与木质线条改造时应将原顶角线条的边缘痕迹完全覆盖，新顶角线条的转角部位应做倾斜 45° 的裁切，要保证能与相邻面顶角线条完全结合；窗帘盒改造时应做好防潮处理，板材、骨架基层都应涂刷封闭底漆，并安装平整（图 6-27）。

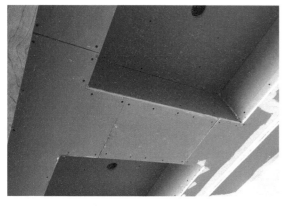

图 6-26 石膏板吊顶更换
↑更换石膏板吊顶时需注意吊顶有装饰角线的可留有缝隙，石膏板之间的接缝应紧密，应在相应部位预留出灯口位置。

图 6-27 顶角改造
↑石膏线条黏结到位后，应完全待干后再做修补，修补前应用力拉扯石膏线条，以不脱落、不开裂为合格。

6.3.2 墙面改造类型

民宿空间中，墙面面积最大，装修构造最多，是装修改造的重点，但墙面装饰材料一般不多，造价相对低廉，在改造中主要针对旧损的装饰材料、构造做更换（表6-3）。

表6-3 墙面改造施工要点

改造项目		图示	施工流程	施工要点
背景墙改造	板材背景墙		板材背景墙应按照拆除旧损的背景墙→清理基层→放线定位，钻孔→制作木龙骨或板材基层→防火处理，调整造型→钉接各种罩板材→安装其他装饰材料、灯具与构造→全面检查固定→封闭接缝→钉头做防锈处理的步骤进行改造施工	采用石膏板制作全封闭隔墙或半封闭隔墙来当作背景墙施工的界面，高度应 ≥ 1600mm
	软包背景墙		软包背景墙应按照拆除旧损的背景墙→清理基层→放线定位，钻孔→做防潮处理→制作木龙骨→防火处理，调整造型→制作软包单元→粘贴隔声棉→固定软包单元→封闭接缝→全面检查的步骤进行改造施工	软包背景墙适用于对隔声要求较高的空间。施工时，填充材料制作尺寸应正确，棱角应方正，与木基层板黏结应紧密，安装应紧贴墙面，接缝应严密，花纹应吻合，无波纹起伏、翘边、褶皱等现象出现
	玻璃背景墙		玻璃背景墙应按照拆除旧损的背景墙→清理基层→放线定位，钻孔→做防潮处理→制作木龙骨或细木工板基层→防火处理，调整造型→安装装饰玻璃→用透明硅酮玻璃胶封闭接缝→全面检查的步骤进行改造施工	玻璃背景墙适用于面积不大的空间。用于装饰背景墙的玻璃最好选用钢化玻璃产品。玻璃安装完毕后，其边缘应与高散热灯具保持一定距离，应不小于150mm
墙面铺装改造	瓷砖墙面		瓷砖墙面应按照凿除原有旧损瓷砖与黏结层→清理基层→配置1：1水泥砂浆→墙面洒水，并放线定位→裁切瓷砖→瓷砖背部涂抹水泥砂浆→铺贴瓷砖→填补缝隙→擦拭瓷砖表面→养护待干的步骤进行改造施工	如果是涂料基层，必须洒水后将涂料铲除干净，凿毛后才能施工

（续）

改造项目		图示	施工流程	施工要点
墙面铺装改造	锦砖墙面		锦砖墙面应按照清理基层→选出合适的瓷砖→配置1∶1水泥砂浆→墙面洒水，并放线定位→裁切锦砖→锦砖背部涂抹水泥砂浆→铺贴瓷砖→揭开锦砖的面网，填补缝隙→擦拭锦砖表面→养护待干的步骤进行改造施工	根据锦砖规格尺寸设点做标筋块，并放线定位；锦砖揭网后检查缝隙的大小平直情况，拨缝必须在水泥初凝前进行，先调横缝，再调竖缝，缝宽一致，横平竖直
	木板墙面		木板墙面应按照拆除旧损的木板墙面→清理基层→放线定位，钻孔→做防潮处理→制作木龙骨或细木工板→防火处理，调整造型→裁切木质板材→气排钉固定木质板材→封闭接缝→全面接缝的步骤进行改造施工	采用凹槽榫工艺预制，可整体或分片安装，应与墙体紧密连接，且木板墙底部应与地面保留20～30mm的间隙，以便安装踢脚线
轻质隔墙改造	木质隔墙		木质隔墙应按照拆除旧损木质隔墙→清理基层→放线定位，钻孔→制作边框墙筋，调整→安装竖向龙骨与横向龙骨→填充隔声棉→竖向钉接木质板材→钉头做防锈处理→封闭接缝→全面检查的步骤进行改造施工	面板安装后所产生的接缝应用牛皮纸条与801胶水封闭粘贴；要避免涂料施工后发生开裂；如果在潮湿的建筑底层制作石膏板隔墙，则应先在地面上采用防水砂浆砌筑高120mm左右，厚120mm的砖墙作为地枕
	石膏板隔墙		石膏板隔墙应按照拆除旧损石膏板隔墙→清理基层→放线定位，钻孔→制作边框墙筋，调整→安装竖向龙骨与横向龙骨→填充隔声棉→竖向钉接石膏板→钉头做防锈处理→封闭接缝→全面检查的步骤进行改造施工	
	玻璃隔墙		玻璃隔墙应按照拆除旧损玻璃隔墙→清理基层→放线定位，钻孔→制作边框墙筋，调整→在边框墙筋上安装基架→测量玻璃安装位置→安装玻璃→钉接压条→全面检查固定的步骤进行改造施工	安装玻璃前应对玻璃隔墙牢固度进行检查，且其必须全部使用钢化玻璃与夹层玻璃等安全玻璃，钢化玻璃厚度应≥6mm，夹层玻璃厚度应≥8mm

（续）

改造项目		图示	施工流程	施工要点
轻质隔墙改造	玻璃砖隔墙		玻璃砖隔墙应按照拆除旧损玻璃砖隔墙→清理基层→安装预埋件→采用型钢加固或砖墙砌筑→放线定位→从下向上逐层砌筑玻璃砖→玻璃胶填补砖块缝隙→擦拭玻璃砖表面→养护待干的步骤进行改造施工	玻璃砖隔墙改造适宜的施工温度为 5 ~ 30℃，施工时需预留膨胀缝，且砖体排列也应当整齐、表面平整
墙面翻新改造	墙面抹灰		墙面抹灰应按照凿除原有墙面抹灰层→清理基层→放线定位→墙面湿水→1：2 水泥砂浆阴阳角找平，做门窗洞口护角→1：2 水泥砂浆做基层抹灰→待干后采用 1：1 水泥砂浆做找平层抹灰→素水泥找平面层→养护的步骤进行	不同品种、不同强度等级的水泥不能混用；抹灰施工宜选用中砂，且用前要经过网筛，不能含有泥土、石子等杂物
	乳胶漆涂刷		乳胶漆涂刷应按照刮除旧损墙面乳胶漆→清理基层→不平整处填补石膏粉腻子→240#砂纸打磨→第一遍满刮腻子→待干，360#砂纸打磨→满刮第二遍腻子→待干，360#砂纸打磨→涂刷封固底漆→满涂第一遍乳胶漆→待干，360#砂纸打磨→满涂第二遍乳胶漆→待干，360#砂纸打磨→养护的步骤进行	施工应采用刷涂、辊涂与喷涂相结合的方法，涂刷时应连续迅速操作，一次刷完，且涂刷第二遍乳胶漆之前，应根据现场环境与乳胶漆质量对乳胶漆加水稀释
	真石漆喷涂		真石漆喷涂应按照刮除旧损墙面乳胶漆→清理基层→不平整处填补石膏粉腻子→240#砂纸打磨→第一遍满刮腻子→待干，360#砂纸打磨→涂刷一遍封固底漆→调配真石漆→第一遍喷涂真石漆→待干，240#砂纸打磨→喷涂第二遍真石漆→待干，360#砂纸打磨→养护的步骤进行	腻子应与真石漆性能配套，封闭底漆干燥 12d 后才能进行真石漆施工，且打磨时要轻轻抹平真石漆表面凸起的砂粒，用力不可太大

（续）

改造项目		图示	施工流程	施工要点
墙面翻新改造	壁纸铺贴		壁纸铺贴应按照刮除旧损墙面壁纸→清理基层→不平整处填补石膏粉腻子→240#砂纸打磨→第一遍满刮腻子→待干，360#砂纸打磨→满刮第二遍腻子→待干，360#砂纸打磨→涂刷封固底漆→放线定位→检查壁纸→涂刷壁纸胶，粘贴壁纸→修整、养护的步骤进行	封固底漆要使用与壁纸胶配套的产品，应具有抗碱功能，针对潮湿环境，为了防止壁纸受潮脱落，还可涂刷一层防潮涂料，且铺贴壁纸后，要及时赶压出周边的壁纸胶，不能留有气泡，挤出的胶要及时擦干净
	彩绘墙		彩绘墙绘制应按照基层处理→乳胶漆涂饰施工→编排彩绘图案→打印成样稿→选配颜色与绘制工具→绘制基本轮廓，标记涂饰色彩的区域→调配丙烯颜料→细致绘制→修整、养护的步骤进行	彩绘墙的图案与色彩要考虑整体设计风格，一般只是选择主题墙来绘制，绘制时要时刻补充稀释剂，保持线条润滑，换色时则要将笔刷清洗干净，以免污染墙面

6.3.3 地面改造强化材料

民宿地面的磨损度较高，除正常行走外，室内会经常搬动各种生产、生活物资，因此在改造中需强化地面材料与施工质量（表6-4）。

表6-4 地面改造施工要点

改造项目		图示	施工流程	施工要点
地砖改造	重新铺贴		重新铺贴地砖应按照清除原有地面地砖→清理铺设基层→配置1:2.5水泥砂浆→地面洒水，放线定位→裁切地砖→地砖预铺，依次标号→地面上铺设平整且黏稠度较干的水泥砂浆→依次铺贴地砖→填补缝隙→擦拭地砖表面→养护待干的步骤进行	1）切割地砖要准确，缝隙要均匀，地砖边与墙交接处缝隙应≤5mm，铺设时应随铺随清，随时保持清洁干净 2）地砖铺贴施工时，其他工种不能污染或踩踏，地砖勾缝要在24h内进行，并做好养护，注意普通瓷砖与抛光砖仍需浸泡在水中3~5h后取出晾干，才可使用

（续）

改造项目		图示	施工流程	施工要点
地砖改造	局部更换	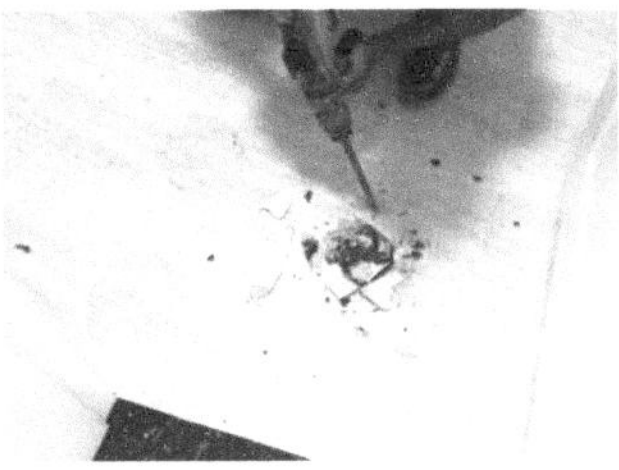	局部地砖的更换应按照检查地砖破损部位→配置 1∶2.5 水泥砂浆→地面洒水，放线定位→地砖预铺，依次标号→地面上铺设平整且黏稠度较干的水泥砂浆→依次铺贴地砖→填补缝隙→擦拭地砖表面→养护待干的步骤进行	卫生间地漏与地面的坡度为 1% 为宜，墙地砖对色要保证 2m 处观察不明显，平整度需用 2m 水平尺检查，应 <2mm，砖缝应 <1mm，并时刻保持横平竖直
地板改造	重新铺装		重新铺装地板应按照拆除原地面旧损地板→清理铺设基层→放线定位→对木龙骨及地面做防潮、防腐处理→铺设防潮垫→钉接细木工板→在细木工板上放线定位→从内到外铺装木地板→安装踢脚线与分界条→调整修补，打蜡养护的步骤进行	1）拆除旧损地板时保留预埋件并做紧固，木地板安装前应进行挑选 2）实木地板施工时要先安装地龙骨，再铺装细木工板；龙骨应使用松木、杉木等不易变形的树种
	局部更换		局部地板的更换应按照检查地板破损部位→购置新木板→清理铺设基层→在原有木龙骨表面重新涂刷防火、防潮涂料→钉接细木工板→将新地板插入原地板的企口中，并钉接牢固→调整修补，打蜡养护的步骤进行	地板铺装完成后，要进行上蜡处理，同一房间的木地板应一次铺装完成，要备有充足的辅料，并及时做好成品保护，严防油渍、果汁等污染表面
抹灰地面改造	地漆涂刷		涂刷地漆应按照清理基层→水泥砂浆或自流地坪浆料找平，待干→辊涂环氧地坪漆→于环氧地坪底漆中掺入水泥砂浆→均匀涂抹至地面上，待干→整体涂刷环氧地坪漆找平→待干，养护 7d 的步骤进行	面积较大的地面，可用打磨机磨平、清除沙尘、油污的方法处理基层，且施工时要求环境温度以 15～35℃ 为宜，空气中的相对湿度以 65% 为宜，否则涂层固化不好，影响涂层性能

（续）

改造项目	图示	施工流程	施工要点
抹灰地面改造	地胶铺贴	铺贴地胶应按照清理基层→水泥砂浆找平→涂刷封闭底漆→裁切地胶，预铺设→在地面上涂刷专用胶粘剂或强力万能胶→平整铺设地胶→赶压地胶中的气泡→对齐接缝，并安装踢脚线的步骤进行	1）地胶能使地面增加弹性脚感，还能起到防治水泥起灰，静音、防水、防潮、防虫蛀的效果，适用于客卧室、储藏间等的地面 2）地胶展开后应在现场放置≥24h，使材料记忆性还原，温度以5～30℃为宜，施工前要使用修边器对卷材的毛边进行切割清理 3）地胶铺贴时要及时修整拼接处翘边，要将地胶表面多余的胶水及时擦除，其边缘可以转折粘贴至墙面上，高约120mm，可作为踢脚线使用
	地毯铺装	铺装地毯应按照清理基层→水泥砂浆找平→涂刷封闭底漆→裁切地毯，预铺设→在地面边缘钉接倒刺板→铺装地毯→赶压地毯中的气泡→对齐接缝，并安装踢脚线的步骤进行	铺装地毯前必须进行实量，要测量墙角是否规整，并准确记录各角度，需根据计算的下料尺寸在地毯背面弹线、裁切，避免造成浪费，地毯边缘通常会采用倒刺板固定，倒刺板距踢脚线约为10mm

6.3.4 注重装修保洁

装修改造后要做必要的保洁，民宿经营者可以自己动手，既能节省开销，也能提升保洁质量。

1. 装修保洁工具

常规的保洁工具主要包括蜡、玻璃清洁剂、洁厕剂、洗手液、高泡地毯清洁剂、地毯除渍剂、不锈钢清洁剂、抹布、清洁球等（图 6-28）。

2. 界面保洁

常规的界面保洁方法很多，以下进行类比列表供参考（表 6-5）。

a）蜡

b）玻璃清洁剂

c）洁厕剂

d）高泡地毯清洁剂

e）地毯除渍剂

f）不锈钢清洁剂

g）抹布

h）清洁球

图 6-28　保洁工具

↑常见的保洁工具获取很方便，需要组合使用，根据被清洁材料与质地来选择不同的工具。

表 6-5　界面保洁

保洁项目	图示	保洁要点
顶角线条保洁		1）石膏线条表面油污可用清洁剂清除；木质线条可用干净拭布蘸少量清水卷在木棍或长杆的端头，用力擦除木线条上的污垢 2）塑料扣板边条可采用普通清洁剂或肥皂水进行清洗；烤漆扣板边条使用少量中性洗衣粉蘸清水擦洗即可；铝合金扣板边条则可使用钢丝球或金属刷蘸少量肥皂水擦洗
乳胶漆保洁		不耐水的乳胶漆墙面可用橡皮等擦拭或用毛巾蘸些清洁液拧干后轻擦，耐水的乳胶漆墙面则可直接用水擦洗，洗后用干毛巾吸干即可
壁纸保洁		如果壁纸的污渍不是由纸与墙灰间的霉痕引起，则较易清除，可先用强力去污剂，舀一汤匙调在半盆热水中搅匀，以毛巾蘸取拭抹，擦亮后即可用清水再抹；在纸质、布质壁纸上的污点不能用水洗，可用橡皮擦轻拭；彩色壁纸上的新油渍，则可用滑石粉将其去掉

（续）

保洁项目	图示	保洁要点
地板保洁		地板除了日常擦洗，关键在于打蜡，如果打蜡方法不当，将产生泛白、圈痕、变色等现象。打蜡前，不能使用含有化学药品的抹布擦拭地板，否则会导致地板蜡附着不良；通常先使用拧干的抹布或专用保洁布擦拭地板表面，特别是沟槽部分，要仔细擦拭；注意擦洗后要待地板表面与沟槽部分的水分完全干燥后方可打蜡
地砖保洁		地砖保洁比较简单，常擦洗即可。保洁时，关键在于清除缝隙中的污垢，可在尼龙刷上挤适量的牙膏，然后直接刷洗瓷砖的接缝处。厨房地砖接缝处很容易有油污，可使用普通蜡烛，采用先纵再横的涂抹方式将蜡烛轻轻地涂抹在瓷砖接缝处，然后使用抹布擦除即可
石材保洁		日常使用过程中应当定期给石材表面涂上保护膜，如用地板蜡均匀地涂抹，再用干布擦净即可。一般可用湿抹布清洗石材地面，必要的话也可使用石材肥皂，或只用清水清洗
地毯保洁		每天用吸尘器清洁一次，对于行走频繁的地毯，需要配备打泡箱，用干泡清洗法定期进行中期清洁，以去除黏性尘垢，使地毯保持光洁如新；灰尘一旦在地毯纤维深处沉积，必须采用湿水进行深层清洁，使地毯恢复原有的光亮、清洁，注意对水敏感的地毯，可用干泡清洗代替水来进行清洁

3. 家具与设备保洁

家具与设备的使用频率高，容易受污，其保洁方法要根据材料来选择（表6-6）。

表6-6 家具与设备保洁

保洁项目	图示	保洁要点
家具保洁		擦拭家具时，应尽量避免使用肥皂水、洗洁精等清洗家具，不要用粗布或旧衣服当抹布，也不可用干抹布擦拭家具，最好用毛巾、棉布、棉织品或法兰绒布等吸水性好的布料来擦拭家具；如果希望保持家具光亮如新，还可选用茶水、牛奶、白醋、柠檬水、牙膏、蛋清、草酸溶液等液体材料清洗家具

（续）

保洁项目	图示	保洁要点
灯具保洁		灯泡保洁比较容易，即将灯泡取下，用清水冲洗后，往手心内倒些食盐，再往盐面上倒些洗洁精，用手指搅拌均匀，然后用手握住灯泡在手心里转动，并轻擦灯泡表面，这样就可去除污垢。注意不同材质的灯罩应选用不同的清洁方法
抽油烟机保洁		取一个塑料瓶，用缝衣针在盖上戳 10 余个小孔；装入适量的洗洁精，再加满温热水摇匀配成清洗液；启动抽油烟机，用盛满洗洁精的塑料瓶朝待洗部位喷射清洗液；当瓶内的清洗液用完之后，继续配制，重复清洗，直至流出的脏水变清为止，清洗三遍即可
窗帘保洁		1）帆布或麻制成的窗帘宜用海绵蘸些温水或肥皂溶液、氨溶液混合液体进行擦拭，待晾干后卷起来即可 2）清洗天鹅绒制成的窗帘时，应先将窗帘浸泡在中性清洁液中，用手轻压、洗净后放在倾斜的架子上，使水分自动滴干即可 3）清洗静电植绒布制成的窗帘时需注意，切忌将其泡在水中揉洗或刷洗，只需用棉纱布蘸上酒精或汽油轻轻擦拭即可 4）清洗卷帘或软性成品帘时要先将窗户关好，在其上喷洒适量清水或擦光剂，然后用抹布擦干，即可使窗帘保持较长时间的清洁、光亮 5）百叶窗帘平时可用布或刷子清扫，几个月后将窗帘摘下来用湿布擦拭，或者用中性洗衣粉加水擦洗即可 6）竹木类成品帘应用软刷加中性洗衣粉，然后用流水漂洗干净，擦净后晾干，但不宜在阳光下曝晒，否则容易褪色 7）用普通布料做成的窗帘，可用湿布擦洗，也可按常规方法放在清水中或洗衣机里用中性洗涤剂清洗；易缩水的面料应尽量干洗，实在不方便应与销售商联系，以便放大尺寸与大幅整烫

目前市场上的保洁用品品种较多，在选择时应当根据使用界面专项选购，不同保洁用品不能同时混用（图 6-29、图 6-30）。

图 6-29　吸尘器
↑吸尘器的功率大小不是最重要的，关键在于吸头的密封性与造型品种，吸头造型应当多样，能适应各种装饰造型。

图 6-30　油污清洁剂
↑油污清洁剂大多有腐蚀性，使用时以喷涂为主，对于塑料构件应选用塑料专用清洁剂。

6.3.5　定期保养

民宿保养指的是对民宿内部设施、设备的保养，针对不同的设施、设备，应当有不同的保养方式。

1. 木屋保养

民宿木屋有着浓郁的自然气息，能够很好地放松人的心情。其日常保养的重点在于防火、防潮、通风、除尘、防老化等（图 6-31）。

2. 智能门锁保养

（1）做好表面清洁　为了不影响指纹识别速度，应当定期使用干的软质布料擦拭智能锁表面的灰尘，并每月更新指纹数据库（图 6-32）。

（2）维护锁芯和门锁　定期检查锁芯的灵动性和门锁的牢固性，可在锁芯内部滴入适量的润滑剂，以润滑锁芯，以及注意定期更换智能锁的电池。

图 6-31　木屋
↑定期清除木屋附近的易燃物和其他垃圾，在木屋墙壁表面涂刷水性保护漆，以增强木屋的防水性，注意定期通风，以保证木屋内部空气的正常流通，防止异味产生。

图 6-32　智能门锁
↑智能锁门把上不悬挂重物，要定期检查门锁门把的灵活性，且智能锁上带有时钟的，应当定期校准，以免影响使用。

3. 家具保养

家具保养注意日常除尘，家具摆放的位置也要正确，要避免阳光直射，要使家具处于一个温湿平衡的环境中。避免家具被坚硬的金属制品划伤，在清洁家具时不宜使用油性家具清洁剂，这会影响家具的使用效果，将家具放置于距离墙壁 50 ~ 100mm 的位置，以免其受潮（图 6-33、图 6-34）。

图 6-33 木质家具
↑木质家具应选用柔软布料进行日常清洁工作，其表面不放置过热的物体；表面有污渍时，先用稀释过的中性清洁剂兑温水擦拭，然后用清水擦拭，再用干布擦拭掉水渍，待木质家具表面完全干燥后，再打蜡保养，以使木质家具表面更光亮。

图 6-34 皮质家具
↑皮质家具的日常保养也需选用柔软的布料；表面有污渍时同样可用稀释过的中性清洁剂兑温水擦拭，然后用清水擦拭，再用干布擦拭掉水渍，待皮质家具表面完全干燥后，再使用专用的皮革保养剂均匀擦拭皮质家具表面。

4. 床上用品保养

民宿中的床上用品更具装饰性和功能性。在日常保养时应当依据其材质的不同，选择不同的洗涤方式和储存方式。如棉质床上用品不建议机洗，竹纤维材质的床上用品不建议干洗，而应是以 30℃温水机洗后，于通风避光处自然晾干（图 6-35）。

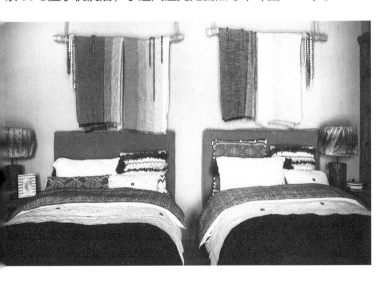

图 6-35 床上用品
←羽绒被芯、枕芯在存储时要做好防潮处理，要定时晾晒被芯、枕芯，以达到杀菌消毒的目的；丝绵材质的床上用品应当以 30℃温水机洗，不可在阳光下曝晒等。

6.4 案例解析：幸福里民宿

为了吸引更多的游客，也为了打造民宿品牌，幸福里民宿设置了很多的体验项目与观赏项目，在为游客提供住宿的同时也为游客提供手工蜡染体验机会。

本案例周边多山林，空气清新，周边有丰富的自然资源，风景秀丽。民宿内部网络设施配备齐全，保障了每一间房都能获取较强的 WIFI 信号，以保障通信的畅通性。

民宿提供有全套餐饮服务、行程安排服务、特色活动体验服务等，食物新鲜，搭配营养均衡（图 6-36 ~ 图 6-40）。

图 6-36 幸福里民宿全景图
↑民宿周边景色优美，具有丰富的户外活动设施，在装修改造过程中花费较大。完整方案可按照本书前言中所述方式获取。

图 6-37 绿植观赏区
↑木架上可摆放各类绿植，以净化空气，同时能增强民宿的观赏价值。木质地板能与周边绿植相搭配，在日常使用过程中要注意做好防潮、防火等处理。

图 6-38 娱乐、会议区
↑此处顶棚设计透光效果较好，人工光与自然光能够完美结合在一起，室内氛围较好，游客也可在此处唱歌、谈心，惬意自在地放松。

图 6-39 长型走廊
↑长型走廊铺设有木质地板，脚感舒适，朦胧梦幻的纱帘配上朴实无华的木质构造，让游客仿佛置身于世外桃源。

图 6-40 蜡染主题卧室
↑每间卧室均为两张 1.5m 宽的双人床，房间内部装饰多应用了蓝染技术，配色淡雅，室内通风、采光也较好。

第7章

民宿运营

识读难度：★ ★ ★ ☆ ☆

重点概念：经营团队、定价、服务、
安全管理、成本控制

章节导读：优质民宿除了能给予游客美的艺术享受外，还要能盈利，能顺应市场变化。民宿的运营需要资本介入，但民宿不应被资本所捆绑，民宿经营者需要控制经营成本，并要能在限定的时间内获得投资回报，要能合理分配店内职员工作，合理定价，并保证游客入住后的安全。

7.1 团队人员组成

合理的人员架构体系不仅可以提高民宿的服务质量，同时也能更好地控制经营成本。民宿经营者需要根据民宿规模设置合理数量的工作岗位，并根据民宿定位招聘职员，定期对其进行工作培训，以保证服务质量。

7.1.1 根据规模设置岗位

民宿岗位设置为——客房数量：工作人员数量 = 1：1.2（图 7-1、表 7-1）。

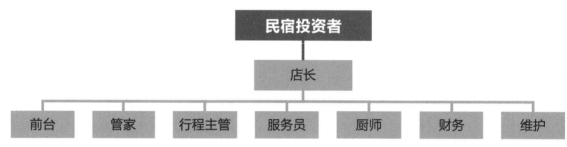

图 7-1 民宿人员架构体系图
↑规模较小的民宿需要经营者身兼数职，规模较大的民宿则可实行店长负责制，不同岗位的人员各司其职，这样管理、运营的效果也会更好。

表 7-1 民宿团队成员详情介绍

成员	设置数量 / 名	工作内容
民宿投资者	1	提供投资，民宿线上、线下的宣传、推广，民宿宣传图片拍摄、文字宣传，策划营销活动等工作
店长	1	管理民宿日常工作，职员培训，民宿公关等，日常生活用品、厨房用品等的采购工作，对接投资者
前台	房间数 ≤ 10，1 名；房间数 ≥ 10，2 名	接待游客，帮助游客办理预定、入住、退房、退订等，管理网络平台上房态的更新、关闭等
管家	1	提供 24h 全方位服务，能够满足游客从入住到离店期间的一切需求，保障民宿工作者与游客的安全
行程主管	1	安排游客行程，提供租车、个性化旅游路线规划等服务
服务员	若干	清扫客房，补充客房内缺失的物品，当班事项、房态交清、日常清洁等工作
厨师	根据民宿规模设置	烹饪菜品，洗菜、配菜、传菜、厨房清洁等工作，研究新菜品、制作小吃

（续）

成员	设置数量 / 名	工作内容
财务	1（可招兼职人员）	制作财务报表，发放工资
维护	1（可招兼职人员）	民宿水、电、网故障检修，景观花草种植、维护等工作

7.1.2　搭建和谐团队

　　为了更好地经营民宿，经营者需要设定对应的规章制度，常见的制度包括有《客房管理制度》《员工管理制度》《卫生管理制度》《游客服务制度》等，民宿工作人员应当严格按照制度工作，严格按照制度实施奖惩。

　　民宿经营者应定期举行团建活动，定期发放福利，这种有张有弛的管理也能使员工团队意识更强，民宿经营才能更长久。

7.2　合理定价

　　合理的定价是促进民宿长期稳定发展的前提。

7.2.1　影响民宿定价的因素

1. 供需关系

　　由于目前市面上的民宿较多，且民宿经营分淡、旺季，供需不平衡，因此民宿价格会受此影响而有所波动。

2. 目标客源

　　目标群体不同，所能接受的价格不同，民宿需要提供的服务与设施也会有所不同，民宿定价也会因为目标群体消费水平的不同而产生变化。

3. 投资成本

　　民宿定价与投资成本密切相关，民宿定价受其影响，必定是要高出投资成本价的，否则长此以往，即使以低价吸引到客源，最后也会入不敷出。

4. 周边竞争

　　同一区域可能会出现多家民宿，游客会货比三家，为了平衡民宿市场，稳定客源量，同一区域内的民宿价格会比较统一。民宿内部的装饰、陈设、设计主题等都会给予游客不同的体验感，民宿所提供的不同服务也会给予游客不同的感官印象，这也从侧面影响了民宿价格（图 7-2、图 7-3）。

a）建筑装饰

b）室内装饰

图 7-2 高品质民宿装修

↑民宿定价不会一成不变，应根据淡、旺季调整民宿价格，要定期修改线上平台不同假期的价格，要明确民宿价格涨幅，在合理的范围内进行涨价或降价。高品质民宿装修注重细节，造型应当精细化制作，在视觉上才能表现出品质感。

a）客房家具设施齐全

b）露台采光充足

图 7-3 入住体验感较好的民宿

↑提升体验感的方法之一是增加家具与设施，将生活中使用频率高或较高的设备列入其中。

7.2.2　如何合理定价

1. 分阶段定价

（1）民宿初期阶段定价　如果民宿规模较小（图 7-4），投资成本也不是很高，则可根据民宿月租金的 20% 来定价；如果民宿规模较大，投资成本较高，则可根据成本定价，但不可高出成本过多，只保证基础利润即可，这个阶段可多实行促销活动，以积累客源，提升游客对民宿的好感度，以此提高民宿品牌意识与入住率。

（2）民宿中期阶段定价　在客源量有保证的情况下，可适量提高价格，但要保证民宿内部设施的完整，还可以在线上平台开办促销活动，以此吸引更多的游客入住。

（3）民宿成熟阶段定价　民宿在此阶段已经有了比较好的口碑，在定价之前，可均摊成本，在明确经营成本的基础上，设定一定的利润值，定制合理的住房价格。

a）简洁的客房装修

b）简洁的庭院

图 7-4　小规模民宿
↑小规模民宿的装修档次根据快捷酒店来设定，在配套设施上略有增加即可，主要通过周边环境来提升居住空间的品质。

2. 淡旺季调整价格

节假日、寒暑假、周末等休闲时期都属于旺季，相对应的其他时间便属于淡季了，民宿经营者可在旺季适当地提高住房价格，在淡季降低住房价格，建议提前两个月调整价格，这样游客也能有心理准备，有一个过渡的时间。

3. 设定回本价格

民宿在定价之前一定要计算清楚前期的投资成本，通常成本包括租赁成本 / 收购成本、人员运营成本、自然损耗成本、装修改造成本、室内软装陈设成本、水电燃气费用、其他运营成本等，民宿经营者要根据回本时间，设定合适的回本价格（图 7-5）。

a）餐厅软装

b）卧室软装

c）卧室一角

图 7-5　民宿内部软装
↑民宿软装元素主要来源于当地的特色，除了自然生态产品，还可以发掘传统文化，将具有地域特色的民俗手工艺品提取出来，用于布置民宿室内空间，这些软装产品的成本就能控制在比较理想的范围。

4. 民宿定价方式

日常定价：基础价格＝月平均成本 ×（1.5 ~ 3）/ 出租天数。

节假日定价：节假日价格＝月平均成本 ×（2 ~ 3）/ 出租天数 ×（3 ~ 5）。

7.3 优质的服务才能吸引客户

游客在选择民宿时会重点关注民宿内部所能提供的服务，如果民宿内部服务不完善，也会造成客户的流失。

7.3.1 民宿服务的价值

完整的民宿服务体系包括服务内容、服务态度、服务标准等，服务包括功能性服务与心理服务，要让游客有一种"物有所值"，甚至"物超所值"的感受（表 7-2）。

表 7-2 民宿服务

功能服务												心理服务	
客房预订与接待	行程安排					细节服务			叫醒服务	卫生服务	娱乐服务	安全服务	开导不佳情绪	热情服务态度
	交通信息	天气信息	景点门票预订	出行车辆预订	导游预约	提供生活用品	民宿入住详情	提供特色活动						

民宿基本的服务流程为：入住前咨询→道路导航→开通房间→办理入住手续→打开房间设备→提供游玩指导服务→提供餐饮服务→准备离店伴手礼→为游客办理退房手续。

7.3.2 民宿服务打动客户

通过服务打动客户，最重要的是必须对目标客户有所了解，这样才能投其所好，为其设定专属的服务，这也是民宿的一大卖点。

1. 民宿贴心服务

1）可以在游客入住前建立一个沟通群，发布有关当地的特色活动、景区游玩特色等信息，还可在游客入住前几天告知其当地的天气情况、入住注意事项、穿衣推荐等信息。

2）在游客入住后仍需随时沟通入住情况、入住体验等，在游客离店时为其提供送机服务，做好售后服务，为二次销售作准备。

3）民宿内准备一个万能百宝箱，箱内应准备有快充充电器、电源转换头、防蚊虫叮咬的药水、暖宝宝、其他医药用品、皮筋、便签、纸笔、发夹等，以满足游客的不同需求。

2. 服务特色

民宿内可策划适当的特色活动，并提供当地特色的餐饮服务，让游客感受到当地的民俗风情。

客房预订服务的主要流程为：相应准备工作→受理游客预订→确认游客预订→做好待客准备→处理特殊情况。游客会通过旅行社、微信、网站、电话或团体订房的形式来预订民宿。民宿经营者可通过查看游客预期抵达民宿的日期、所需房型、房型数量、游客逗留天数等来决定要不要受理游客的预订。

7.4 住宿安全

民宿是否安全，是游客选择民宿的重要因素，必须注重民宿安全管理，这样才能保障游客与民宿经营者双方的安全，游客的入住体验感才能更好。

7.4.1 公共区域安全

高楼层民宿阳台应当封闭，应当张贴安全提示，保障民宿消防通道的通畅性，要在民宿每间客房内张贴紧急疏散示意图，还需确保电梯或楼梯的安全性等。

7.4.2 设施环境安全

民宿经营者要保证民宿每间房的私密性，房间门锁完好无损，厨房内电气设备可以安全、正常使用，卫生间内卫浴设施可以安全使用，室内采光、通风较好，生活垃圾分类处理等（图7-6）。

a）全玻璃幕墙   b）建筑外部庭院

图7-6 环境安全的民宿

↑在游客入住前向其说明相关的安全事项，并制定民宿安全手册，提供紧急联系电话，并定期对民宿内部进行安全监测。

7.4.3 治安消防安全

民宿经营者要做好游客登记，要安排专人值守，民宿内要配备灭火器，要保证民宿内工作人员具备使用消防设施的基本技能，并能沉着冷静地面对突发事件。民宿内要设置逃生通道，要配备防毒面罩，要告知游客房间内消防设施的具体位置，并普及相关的消防安全知识，每间房放置一本消防安全手册。

7.4.4 卫生环境安全

民宿内部卫生环境应当整洁，无垃圾残留，应做好基本的防虫、防蚁鼠等措施，客房内部应当没有异味，没有潮湿、发霉现象。客房内部床单、被套、毛巾等生活用品应每客一换，公共物品也应当每客消毒。客房卫生间应当每天清扫，应该做好通风、防潮等处理，卫生间内洗漱用品要做到每天更换，并每客消毒（图7-7）。

a）墙顶面一体化   b）床头靠背一体化

图7-7 卧室一体化设计以提升卫生环境
↑提升民宿室内卫生环境，可以在装修时进行一体化设计，墙顶面一体化或床头靠背一体化设计都能减少不同材料、构造之间的缝隙与转角，避免藏污纳垢。

7.4.5 厨房安全

保障食品原材料的安全与新鲜，要生、熟分开存储，不可采购过期、霉变、来源不明的禽类、水产等食材，饮用水、腌制食品等也应符合相关标准。

定期检查厨房燃气管道、燃气阀门是否有异常，并向游客说明燃气安全使用的相关事项，可制作成指南张贴在厨房。客房与公共区不放置易燃、易爆品，应当设置通风设施，要保证室内空气有充足的流动空间（图7-8）。

7.4.6 卫生间安全

卫生间内如果是玻璃淋浴间，应当在玻璃淋浴间表面铺贴防爆膜，以避免玻璃因不可避免的原因破裂，碎片迸溅伤害到游客。

卫生间应干湿分离，应铺装防滑地砖，这样也能有效避免游客沐浴时滑倒。卫生间内安装加盖型插座，且插座应当远离水源，以免造成触电事故（图7-9）。

a）室外就餐环境

b）厨房餐厅一体化环境

图7-8 就餐环境

↑室外就餐注意卫生环境，要求周围无污水排放或垃圾堆放，周边建筑能起到遮风作用。室内厨房餐厅一体化强调功能齐备，在保证采光的同时也要注意遮风，避免食物温度下降过快。

a）洗面台

b）卫生间设施

图7-9 卫生间

↑卫生间应当保持封闭状态，但是也要注重采光，磨砂玻璃是最好的遮挡材料，适当搭配木质家具或局部木地板，能呈现出复古风格。

7.4.7 加强安全管理

运营民宿应建立健全的安全管理制度，要定期对从业人员进行安全知识的培训。在容易发生事故的区域应当设置警示标牌，要定期组织工作人员进行突发事件应急演练，以保障工作人员与游客的安全。

易燃、易爆品应妥当存储，存储量、存储条件等都应符合相关法规，并提前做好相应的防护措施，以避免工作人员或游客受伤。

未来民宿发展会朝着网络监控安全方向发展，网络监控覆盖所有公共区域，即使处于偏远地区，通过监控与智能管家终端也能正常开设民宿。同时，民宿经营者的安全意识会更强，民宿发展也会更平稳，能有效提高民宿的商业价值。

7.5 成本控制

控制民宿经营成本的方法是将民宿进行精细化运营，使利润最大化，同时也能很好地提升民宿的综合竞争力。

7.5.1 民宿运营成本

民宿利润＝民宿收入－民宿运营成本。民宿运营成本分为不可控成本与可控成本，不可控成本也指固定成本，如房租或物业管理费等，可控成本包含装修成本、人力成本、物料成本、资源成本、维修保养成本等。控制成本需要认真分析可控成本数据，设定合理的管理制度与工作流程（表 7-3）。

表 7-3 民宿可控成本

装修成本		人力成本			物料成本			资源成本					维修保养成本			
人工费	材料费	员工工资	员工生活开销	员工福利	餐饮消耗	客房消耗	日常消耗	水费	电费	燃气费	宽带费	推广费	电器家具损耗	其他设备损耗	维修人工费	维修材料费

7.5.2 民宿运营成本控制

民宿运营中成本控制方法较多，在保证居住品质的前提下有以下方法可控制成本（表 7-4、图 7-10、图 7-11）。

表 7-4 民宿运营成本控制

类型	问题	控制方法
装修成本	装修费用过高	根据本书上述章节内容，严格控制设计、选材、施工、软装搭配支出，在不增加装修费用的前提下提高装修质量
人力成本	岗位重复，员工职业素养不高，财务监管能力弱等	明确不同岗位的工作量，根据淡、旺季设置不同数量的员工，优化民宿员工架构体系；定期培训，提高员工的工作能力；调整薪酬模式，设立奖励机制，鼓励多劳多得，提高工作积极性；完善财务监管系统等
物料成本	浪费严重，没有记录物耗成本，不了解市场价格等	就近选购食材，挑选食材供应商合作；采购适量食材，避免食材变质浪费；培养节约意识，宣传节约理念；了解消耗品的价格变动；计算每间客房消耗品的数量等

（续）

类型	问题	控制方法
资源成本	水、电、气等浪费严重；营销渠道过于狭窄，过于依赖网络平台；通信费用超标	循环使用水资源，培养工作人员节约水、电、气的意识，制定水、电、气能源规划，更换更节能的设备等；开展促销活动，调整线上、线下销售的房源量，将线上客户发展为线下客户，发展联动客户
维修保养成本	坏损率过高、维修成本高等	培训员工从事基础维修保养工作，联系附近的维修人员，按年度承包维修工作

a）节能灯具

b）自然光与人工光结合

c）充分利用自然光

图 7-10　能源成本控制

↑民宿建筑可以发挥自身优势，通过开设天窗或落地窗来降低照明能源成本。

a）干净

b）耐用

c）易清洁

图 7-11　设备成本控制

↑民宿装修中所选择的设备造型应当简洁，材质多为高密度石材或成品陶瓷制品，可长期使用，方便清洁。

7.5.3 民宿科学运营方法

1. 突出个性

有个性、有特色的民宿才能更有记忆点，才能在众多的民宿中脱颖而出，成为游客争相打卡拍照的地方。

2. 宣传图片

大部分游客会在网上选择民宿，宣传图片光影效果与构图的艺术感能令人赏心悦目。

3. 体验活动丰富

体验活动丰富多样，能传递给游客不同的情感，游客会更具有充实感与满足感。

4. 内部环境整洁

整齐划一的摆设，干净、整洁的卫生环境能吸引更多游客，干净的睡眠环境也能放松紧绷的神经，给予游客更好的睡眠状态。

5. 定价适宜

民宿定价要根据时节、市场的变化合理制定，可在游客离开民宿时，适量赠送当地特色产品，能更好维护老客户，开发新客户。

7.6 案例解析：求石民宿

要提升民宿的营销水平，民宿装修与推广要相匹配，求石民宿依山傍水，空气清新，白日晴空万里，夜间山风凉爽，在民宿推广上是重要的卖点。

求石民宿属于独立型民宿，面积适中，周边绿化环境较好，自然气息比较浓郁。民宿整体设计充分运用了周边的自然资源，同时与当地人文特色相结合，整体卫生环境也符合民宿建设标准（图7-12）。

图7-12 求石民宿入口
→入口处石头上雕刻有"求石"两字，让游客明确看到目的地，同时与民宿内部的装饰相呼应。民宿入口处沿道路两边设置有花卉，可提高民宿入口的观赏性，同时也能引导游客入住。完整方案可按照本书前言中所述方式获取。

　　求石民宿距离城区较远，整体环境比较安静，民宿设置了较多的体验项目与观赏项目，游客可以不用远行便能进行丰富的娱乐活动。为了获取更多的订单量，民宿经营者将民宿挂到线上预订平台上，在各类自媒体平台上发表相关的推广软文或推广视频，还可利用线下客户转介绍的方式来获取新客户，同时需维护好老客户（图 7-13 ~ 图 7-16）。

图 7-13　公共区域
↑民宿公共区域设计有满墙镂空式书架和博古架，既能待客，同时也能作为游客阅读、交流的场所。

图 7-14　吧台
↑民宿吧台一区两用，既能提供酒水服务与餐饮服务，同时也可在此处理民宿住房订单，功能性比较强。

图 7-15　用餐区
↑用餐区设置了奇石观赏区，游客可在此领略石头的魅力，区域内整体装饰也比较温馨。

图 7-16　双人床卧室
↑双人床卧室设置了地台，地台上又摆放了小茶几，游客可在此品茗或谈心。

参考文献

[1] 叶锦鸿. 台湾民宿之美 [M]. 广州：广东旅游出版社. 2016.

[2] 唐剑. 民宿设计实战指南 [M]. 南京：江苏凤凰科学技术出版社. 2017.

[3] 范亚昆. 地道风物：民宿时代 [M]. 北京：中信出版集团. 2017.

[4] 美化家庭编辑部. 淘间老房开民宿 [M]. 武汉：华中科技大学出版社. 2017.

[5] 上海美宿网络科技有限公司. 恋上民宿 恋上慢生活 [M]. 南京：江苏凤凰文艺出版社. 2017.

[6] 吴文智. 民宿概论 [M]. 上海：上海交通大学出版社. 2018.

[7] 中华人民共和国文化和旅游部. 旅游民宿基本要求与评价 [M]. 北京：中国旅游出版社. 2018.

[8] 孙黎明. 民宿安全指导手册 [M]. 杭州：浙江教育出版社. 2018.

[9] 张琰，侯新冬. 民宿服务管理 [M]. 上海：上海交通大学出版社. 2019.

[10] 严风林. 深度拆解 20 个经典品牌民宿 [M]. 武汉：华中科技大学出版社. 2019.

[11] 先锋空间. 民宿创意解析 [M]. 北京：中国林业出版社. 2019.

[12] 先锋空间. 民宿改造设计 [M]. 北京：中国林业出版社. 2019.

[13] 苏波，付云伍. 城市民宿 [M]. 南京：江苏凤凰科学技术出版社. 2020.

[14] 严丽娜，张毅. 宿在民间——民宿设计之道 [M]. 北京：化学工业出版社. 2020.

[15] 中国旅游协会民宿客栈与精品酒店分会. 2019 全国民宿产业发展研究报告 [M]. 北京：中国旅游出版社. 2020.